LOVE
HAND
MADE

巧 妙 結 合 各 種 配 件 ， 時 尚 又 實 用 ！

美 麗 刺 繡 時 光
小 物 & 飾 品

POUCH BAG
TAPESTRY
BROACH PIERCE
HAIR ACCESSORY
NECKLACE ETC.

190
ITEMS

瑞昇文化

CONTENTS

ENBROIDERY GOODS AND ACCESSORIES
LESSON BOOK

Enjoy!
Handmade

Part 01 | 簡單的圖樣刺繡
SIMPLE MOTIF

01
P.094

02
P.095

03
P.096

04
P.098

09
P.097

10
P.098

05
P.095

06
P.095

07
P.094

08
P.097

11
P.099

12
P.099

13
P.100

16
P.101

17
P.101

18
P.102

20
P.103

14
P.100

15
P.100

19
P.102

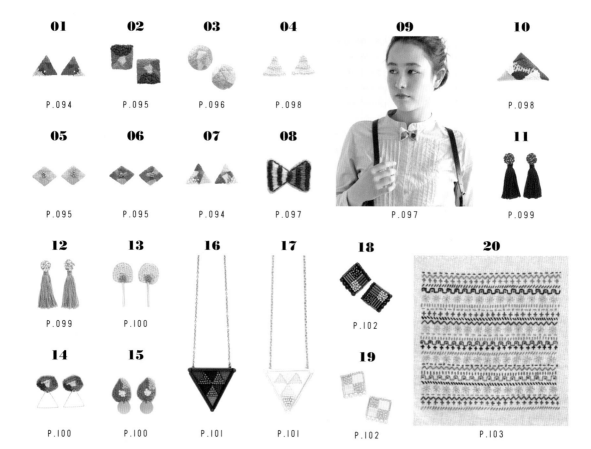

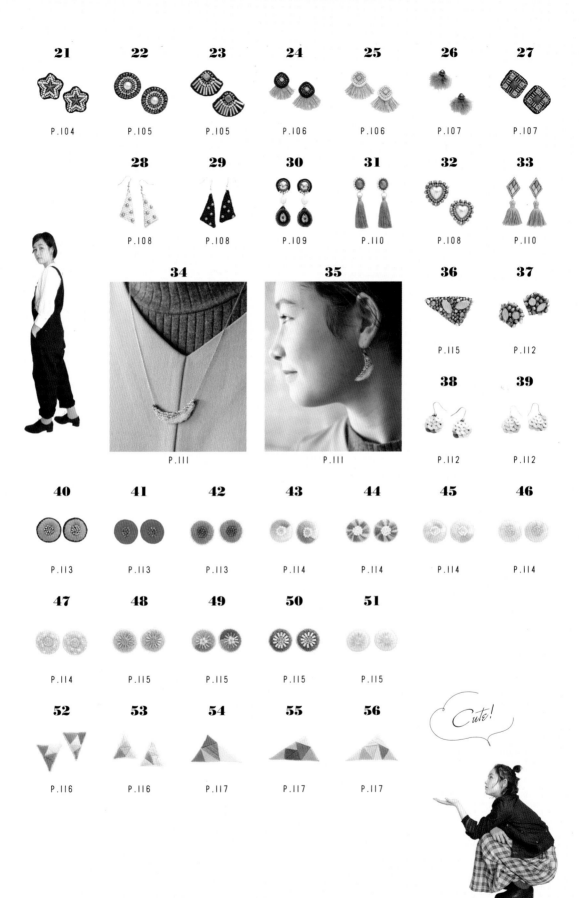

21 P.104

22 P.105

23 P.105

24 P.106

25 P.106

26 P.107

27 P.107

28 P.108

29 P.108

30 P.109

31 P.110

32 P.108

33 P.110

34 P.111

35 P.111

36 P.115

37 P.112

38 P.112

39 P.112

40 P.113

41 P.113

42 P.113

43 P.114

44 P.114

45 P.114

46 P.114

47 P.114

48 P.115

49 P.115

50 P.115

51 P.115

52 P.116

53 P.116

54 P.117

55 P.117

56 P.117

Cute!

01
P.118

02
P.118

03
P.119

04
P.119

05
P.119

06
P.122

07
P.122

08
P.120

09
P.120

10
P.121

11
P.124

12
P.124

13
P.122

14
P.122

15
P.126

16
P.127

17
P.127

18
P.127

19
P.127

20
P.128

21
P.128

22
P.129

23
P.129

24
P.130

25
P.130

26
P.130

27
P.130

28
P.130

29
P.129

30
P.132

31
P.132

32
P.131

33
P.133

34
P.133

35
P.134

36
P.133

37
P.136

38
P.135

42
P.140

43
P.140

39
P.135

40
P.139

41
P.138

Part 03 動物圖樣刺繡

ANIMAL MOTIF

01
P.141

02
P.141

03
P.142

04
P.142

05
P.142

06
P.143

07
P.143

08
P.144

09
P.144

10
P.145

11
P.145

16
P.147

12
P.146

13
P.146

14
P.147

15
P.147

17
P.148

18
P.148

19
P.149

20
P.149

21
P.149

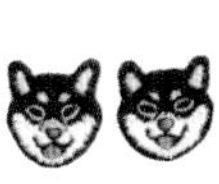

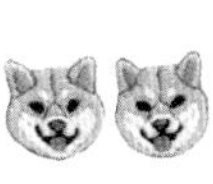

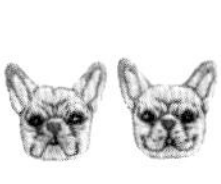

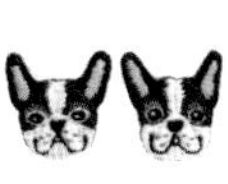

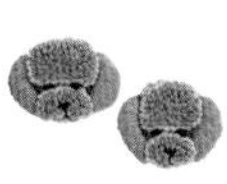

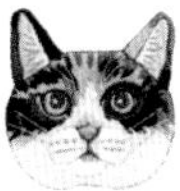

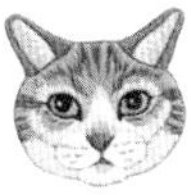

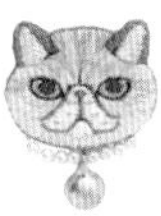

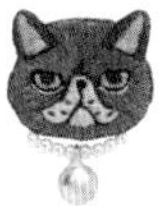

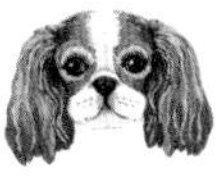

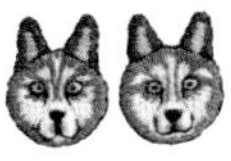

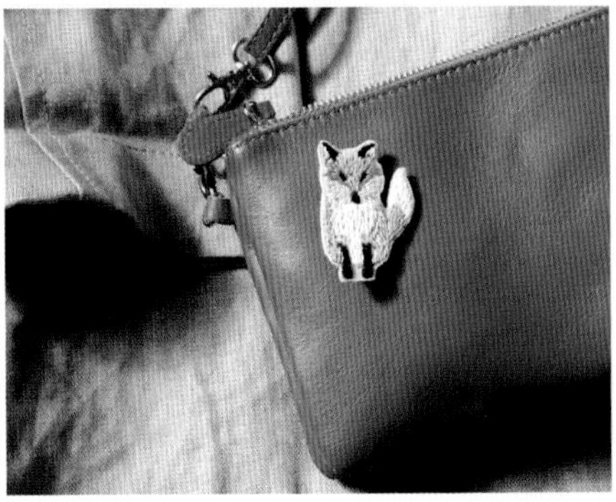

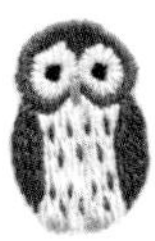

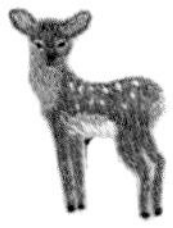

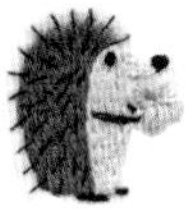

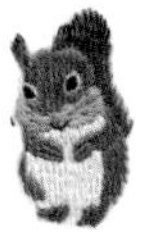

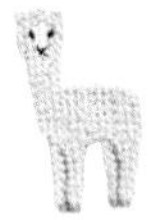

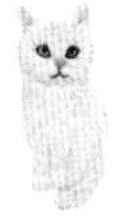

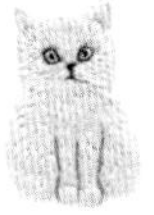

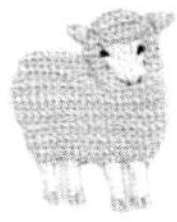

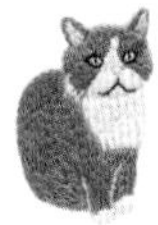

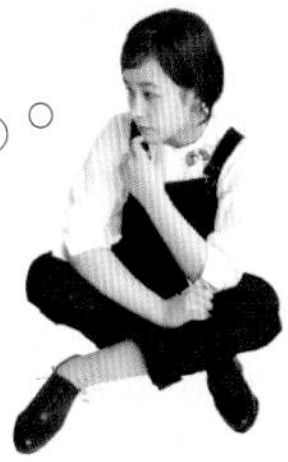

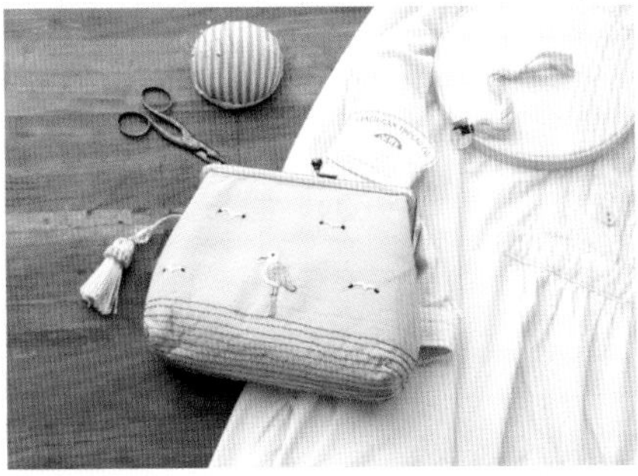

22
P.150

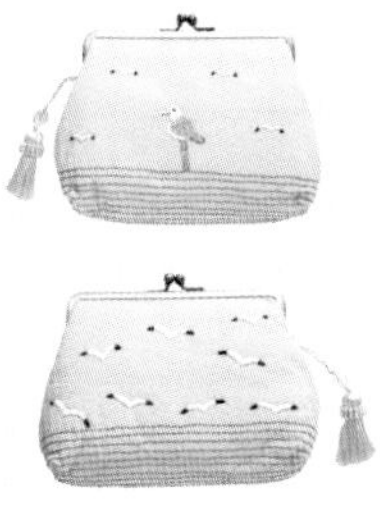

23
P.152

24
P.152

25
P.152

26
P.152

27
P.153

28
P.153

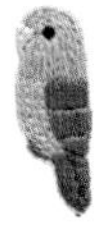

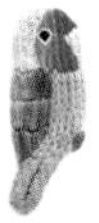

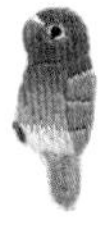

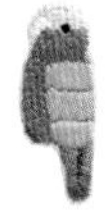

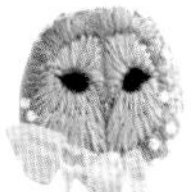

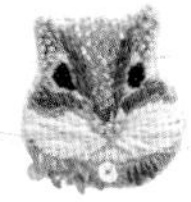

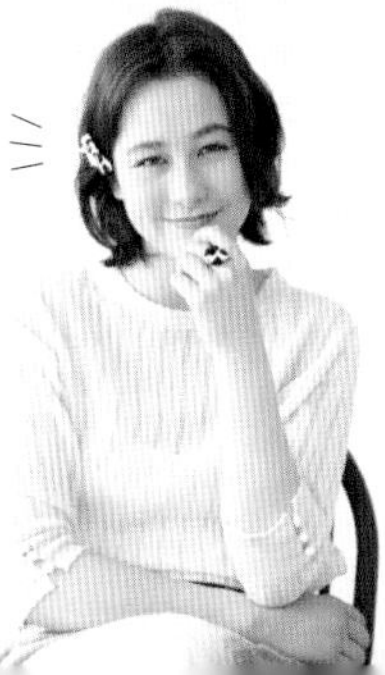

29
P.154

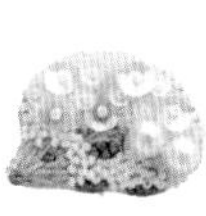

30
P.154

31
P.155

32
P.155

33
P.156

34
P.156

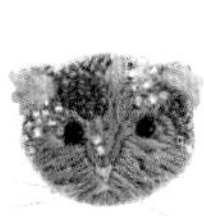

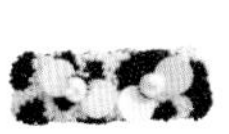

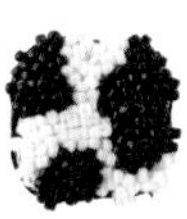

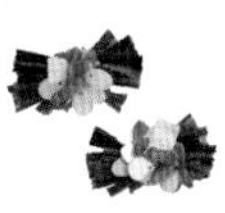

Part 04 日常生活圖樣刺繡

DAILY MOTIF

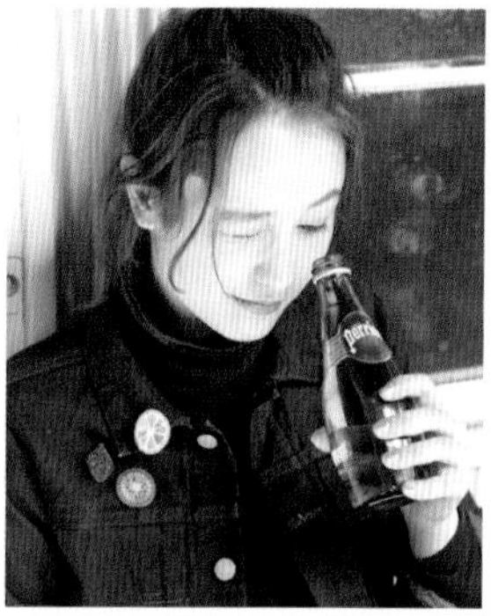

01

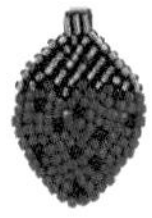

P.157

02

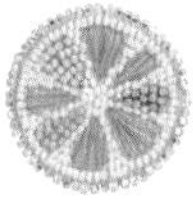

P.157

03

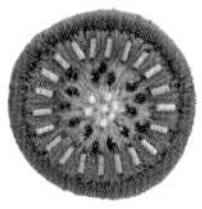

P.157

04

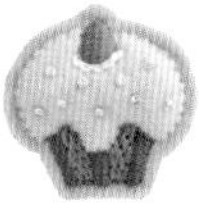

P.158

05

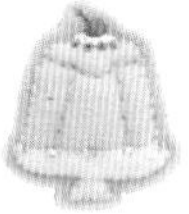

P.159

06

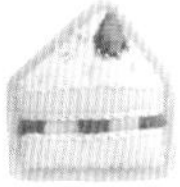

P.159

07

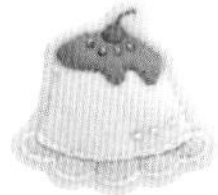

P.159

08

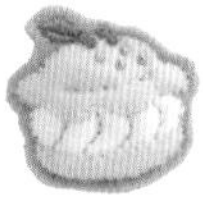

P.160

09

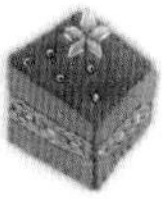

P.160

10

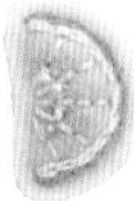

P.161

11

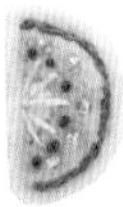

P.161

12

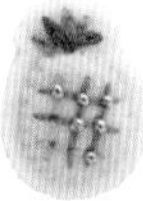

P.162

13

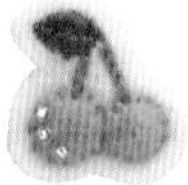

P.162

14

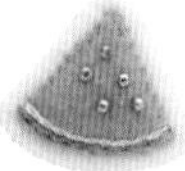

P.161

15

P.162

16

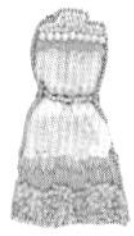

P.163

17

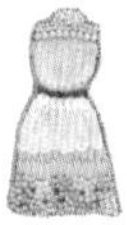

P.163

18

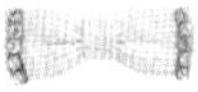

P.164

19

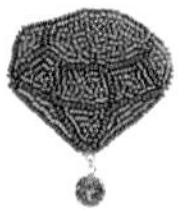

P.165

20

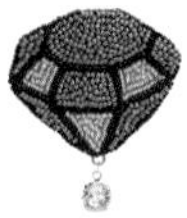

P.165

21

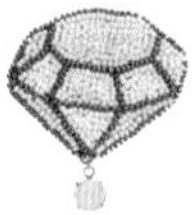

P.165

22

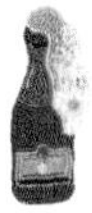

P.166

23

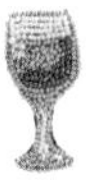

P.166

24

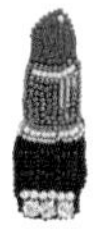

P.167

25

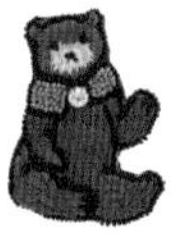

P.167

26

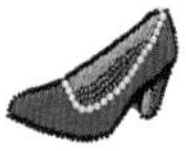

P.168

27

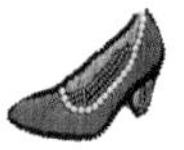

P.168

28

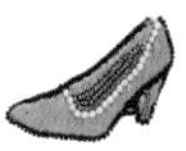

P.168

29

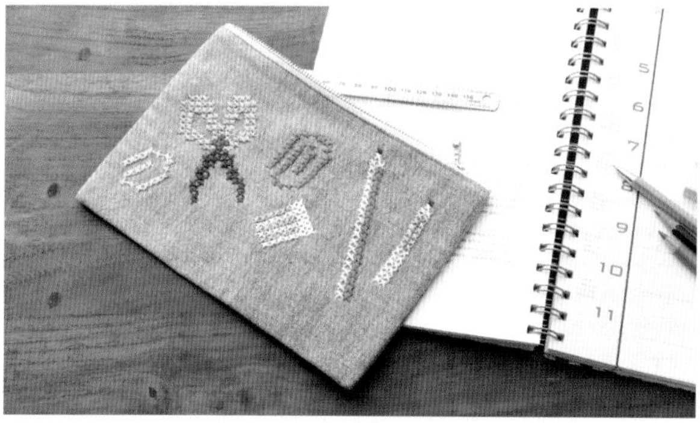

P.169

30

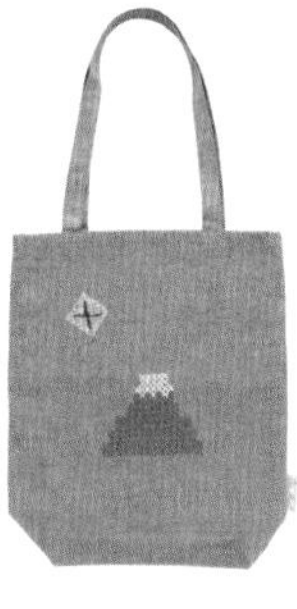

P.170

31

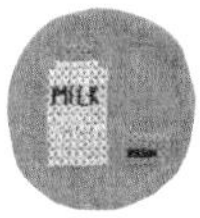

P.171

32

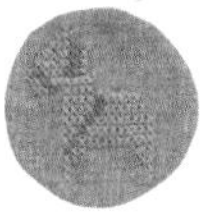

P.171

33

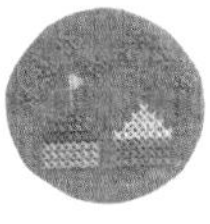

P.171

34

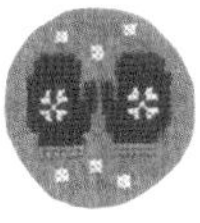

P.171

35

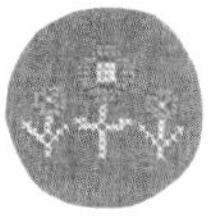

P.171

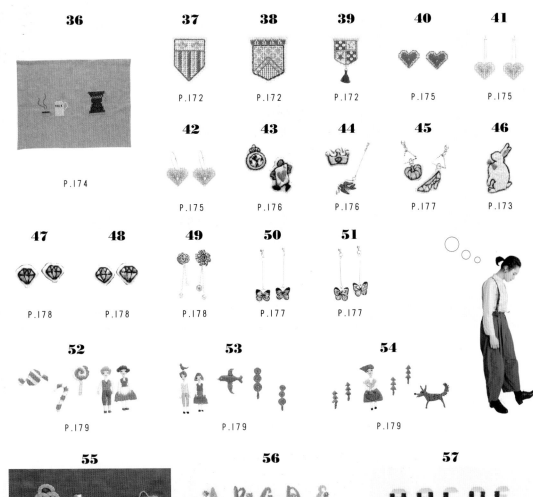

36

P.174

37 P.172

38 P.172

39 P.172

40 P.175

41 P.175

42 P.175

43 P.176

44 P.176

45 P.177

46 P.173

47 P.178

48 P.178

49 P.178

50 P.177

51 P.177

52 P.179

53 P.179

54 P.179

55 P.180

56 P.181

57 P.182

Part **05** 基本技巧

Let's Try!

基本縫製方式及打結方式 ——— 067
刺繡順序 ——— 067
刺繡需要的材料 ——— 068
刺繡工具 ——— 072
刺繡基本知識 ——— 074

主要刺繡針法 ——— 078
珠子刺繡 ——— 082
製作作品的基礎 ——— 085
主要作品的製作方式 ——— 089

Column 世界刺繡小故事 01 ——— 022
世界刺繡小故事 02 ——— 040

可購得材料的店家 ——— 183
學習刺繡 ——— 184
DESIGNER'S PROFILE ——— 190

簡單的
圖樣刺繡

SIMPLE
MOTIF

圓形、三角形、方形等幾何學圖樣的魅力，就在於製作上十分容易、且容易搭配衣服。初學者可從簡單的圖樣開始嘗試。

01
P.009

若想要活用刺繡風情，正確方式是使用簡單的服裝做穿搭。這樣視線自然就會集中在耳邊。

French Style
×
Red Pierce

01

紅色三角形
耳針

HOW TO MAKE
P.094

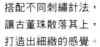

搭配不同刺繡針法，
讓古董珠散落其上，
打造出細緻的感覺。

02

倒立方形
耳針

HOW TO MAKE
P.095

03

圓形刺繡
耳針

HOW TO MAKE
P.096

以柔和的色調打造作品，
就算是直線的幾何學圖樣，
也能給人溫和印象。

05

灰色菱形
耳針

HOW TO MAKE
P.095

在淺色系配色的正中央
繡上珠子，
增添一抹亮點。

04

三角簡易
耳針

HOW TO MAKE
P.098

06

藍色菱形
耳針

HOW TO MAKE
P.095

以直線分割出形狀的設計
與沉穩的色調
給人成熟印象。

08

條紋
蝴蝶結別針

HOW TO MAKE
P.097

07

藍色三角
耳針

HOW TO MAKE
P.094

搭配男性風格吊帶與襯
衫的服飾穿搭。

09

隨 機 刺 繡
蝴 蝶 結 別 針

HOW TO MAKE
P.097

Mannishi
×
Ribbon

適合宛如少年般的打
扮。在背心別上一個刺
繡單品，就能提升可愛
感。

10

山 嶺 別 針

HOW TO MAKE
P.098

稀疏不密集的
平針繡，
宛如手繪圖案一般。

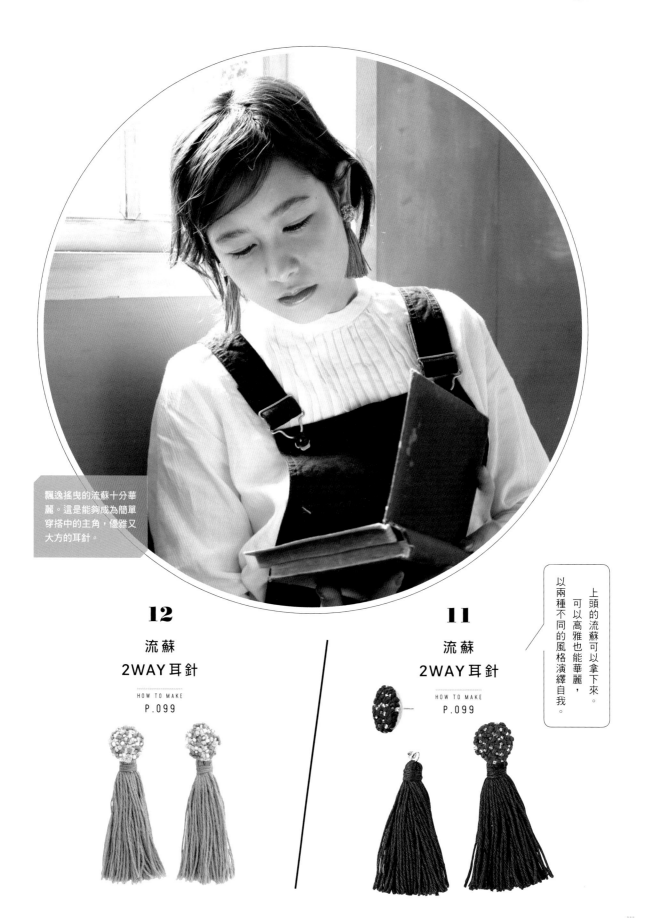

飄逸搖曳的流蘇十分華麗。這是能夠成為簡單穿搭中的主角，優雅又大方的耳針。

上頭的流蘇可以拿下來。可以高雅也能華麗，以兩種不同的風格演繹自我。

12

流蘇
2WAY 耳針

HOW TO MAKE
P.099

11

流蘇
2WAY 耳針

HOW TO MAKE
P.099

14
forest × triangle
耳針

HOW TO MAKE
P.100

13
flower × stick
耳針

HOW TO MAKE
P.100

15
strawberry × circle
耳針

HOW TO MAKE
P.100

在耳邊窺見那可愛又帶曲線的剪影。金色的配件閃爍著溫和的光芒。

18,19

方形幾何圖案
耳針

HOW TO MAKE
P.102

用珠子做成的三角形×用絲線
做成的三角形。
搭配起來的契合度絕佳！

16,17

三角幾何學圖案
項鍊

HOW TO MAKE
P.101

黑色非常有效的將整體設計
揉合在一起。

20

幾何圖案的
掛毯

HOW TO MAKE
P.103

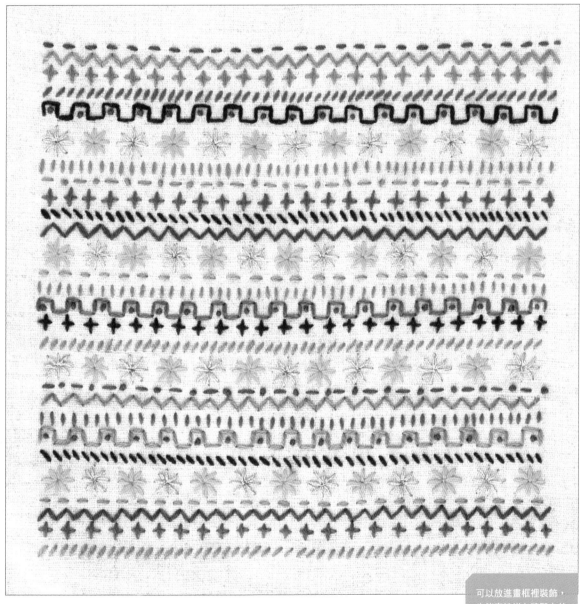

可以放進畫框裡裝飾，
也能直接掛在牆壁上的
設計。主要是結合直線
繡針法的圖案，所以也
能用來練習針法。

用串珠
將天然石包在中間，
突顯出天然石的韻味。

24 黑色方形耳針
HOW TO MAKE P.106

25 白色方形耳針
HOW TO MAKE P.106

26 羽毛絨布耳夾
HOW TO MAKE P.107

21 星星耳針
HOW TO MAKE P.104

22 圓圈耳針
HOW TO MAKE P.105

23 綠松石耳針
HOW TO MAKE P.105

底座使用的不織布顏色，如果挑選時
能夠搭配使用的珠子及配件顏色，
成品也能較具沉穩感。

31 天然石珠子刺繡耳針
HOW TO MAKE P.110

32 心形珍珠耳針
HOW TO MAKE P.108

33 菱形捷克珠耳針
HOW TO MAKE P.110

27 貼鑽單品耳針
HOW TO MAKE P.107

28 白色三角形耳針
HOW TO MAKE P.108

29 黑色三角形耳針
HOW TO MAKE P.108

30 珠子刺繡耳針加珍珠墜飾
HOW TO MAKE P.109

帶著潤澤光芒的亮片及珠子。
是件會使人想要挺直背脊的套組飾品。

34

新月形
項鍊

HOW TO MAKE
P.111

35

新月形
耳針

HOW TO MAKE
P.111

每次擺動都閃爍出優雅的光輝，是非常適合成熟大人時尚的飾品。試著搭配霧面色系的服裝吧。

呈現出珍珠、切面珠、
人工鑽等寶石
凝聚在一起的光輝。

36

三角形
珠寶別針

HOW TO MAKE
P.115

37

五角形
珠寶耳針

HOW TO MAKE
P.112

39

粉紅亮片
耳針

HOW TO MAKE
P.112

38

藍色亮片
耳針

HOW TO MAKE
P.112

亮片那種細緻的漸層色感，
是能夠不經意地
為休閒風格服裝
增添優雅感的品項。

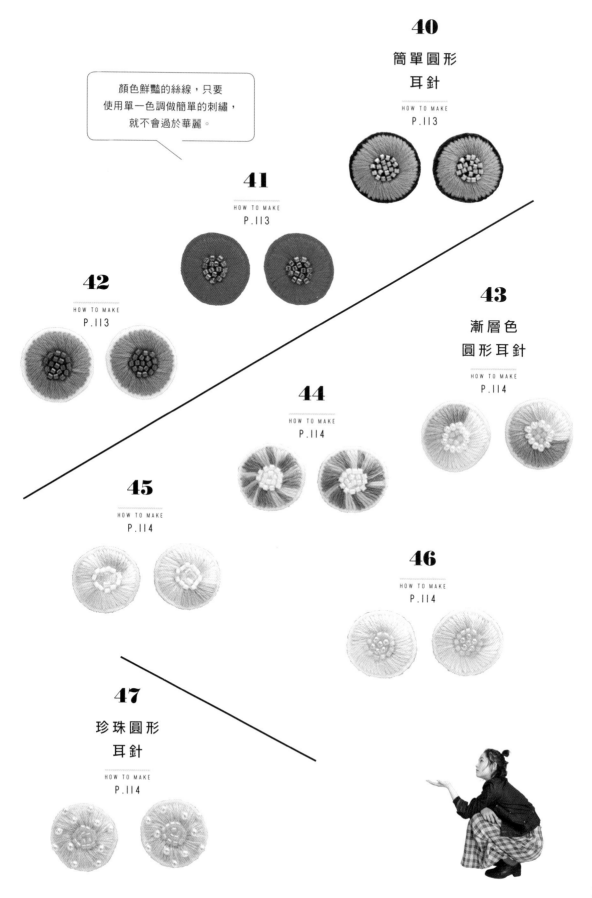

40

簡單圓形
耳針

HOW TO MAKE
P.113

顏色鮮豔的絲線，只要
使用單一色調做簡單的刺繡，
就不會過於華麗。

41

HOW TO MAKE
P.113

42

HOW TO MAKE
P.113

43

漸層色
圓形耳針

HOW TO MAKE
P.114

44

HOW TO MAKE
P.114

45

HOW TO MAKE
P.114

46

HOW TO MAKE
P.114

47

珍珠圓形
耳針

HOW TO MAKE
P.114

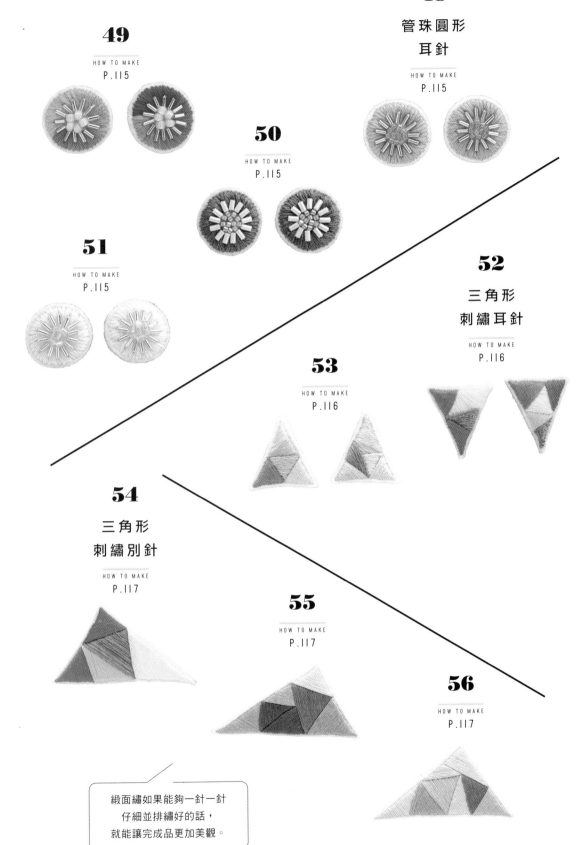

48

管珠圓形
耳針

HOW TO MAKE
P.115

49

HOW TO MAKE
P.115

50

HOW TO MAKE
P.115

51

HOW TO MAKE
P.115

52

三角形
刺繡耳針

HOW TO MAKE
P.116

53

HOW TO MAKE
P.116

54

三角形
刺繡別針

HOW TO MAKE
P.117

55

HOW TO MAKE
P.117

56

HOW TO MAKE
P.117

緞面繡如果能夠一針一針
仔細並排繡好的話,
就能讓完成品更加美觀。

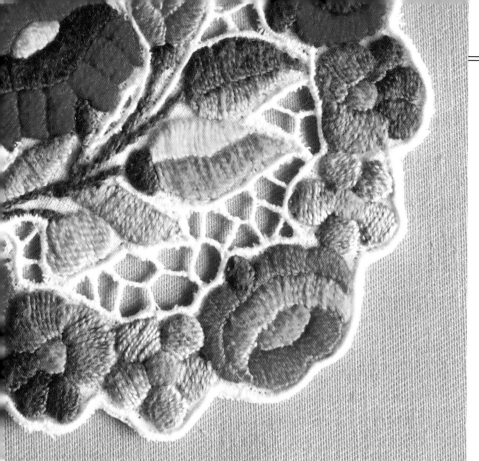

主要都以緞面繡來描繪圖案的考洛喬刺繡。

世界刺繡小故事

在一針一線的刺繡下所描繪出圖案的世界，除了日本一般最常見的法國刺繡以外，也還有許多種類。以下就介紹當中的一部分。

01

刺繡的歷史

只要在領片以及手帕、飾品上繡上一些圖樣，立刻就會變得華麗起來，這就是刺繡。刺繡在現今是一種能夠輕鬆著手進行的手工藝，已完全融入生活，但其實這是起源於非常古老的時代，甚至無法確實得知發祥究竟為何。以古老刺繡來說，在古埃及時代的墳墓或者金字塔當中就已經發現有刺繡圖樣的布料。而絹布產地中國也推測至少有將近3000年的歷史。

刺繡以往主要是作為僧院或宮廷等，一部分特別階級者的裝飾品，以顯示其榮華。在經由幾次侵略以及貿易等活動之後，拓展到全世界，又或是在某些地區紮根發展了起來。成為大家熟悉的手工藝，已經是工業革命後的近代了。刺繡和宗教以及文化等生活層面非常密切，每個地區都確立了各自獨特的型態。

匈牙利的五彩繽紛花卉圖樣

考洛喬刺繡

既華美又可愛莫名的花朵們。這是在匈牙利南部一個小小的城鎮，考洛喬地區所發展出來的刺繡。不管是年長的女性或者年幼的女孩，全都非常喜愛，是日常生活中一代傳給一代的手工活兒。從前是以單一白色的鏤空蕾絲為主的刺繡，但隨著染色技術的進步，現在已經變為具有鮮豔色調、華美的植物圖樣了。

將刺繡周圍裁空，把圖樣之間挖空成宛如蕾絲一般的模樣，被稱為「鏤空繡」，是匈牙利最具代表性的工藝品之一。

不留下布料，完成品宛如蕾絲一般纖細的「鏤空繡」。

丹麥的楚楚可憐白色精工

Hedebo刺繡

Hedebo刺繡是使用白色麻線在白色麻布上進行刺繡，是於18～19世紀中葉，於丹麥一個被稱為Heden的地區，自農家女性手中誕生出來的。獨具特徵的美麗透光圖樣，包含的技巧有抽出布料的紡織線、以及將捲起的部分繡上圖樣等，隨著時代演化，目前有七種技巧方式，互相搭配組合製作。當時即使貧窮，女性們仍能勤於做針線活兒，在農忙之餘還繡出各式各樣的作品，妝點忙碌的日常生活。現在已被認定為丹麥所擁有的優秀文化遺產。

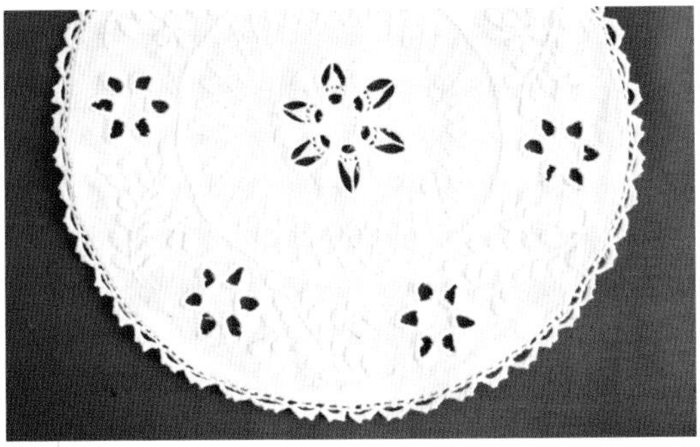

將植物圖樣描繪得美麗萬分的Hedebo刺繡小桌布。

以摩洛哥的絲線勾勒出阿拉伯式花紋

非斯刺繡

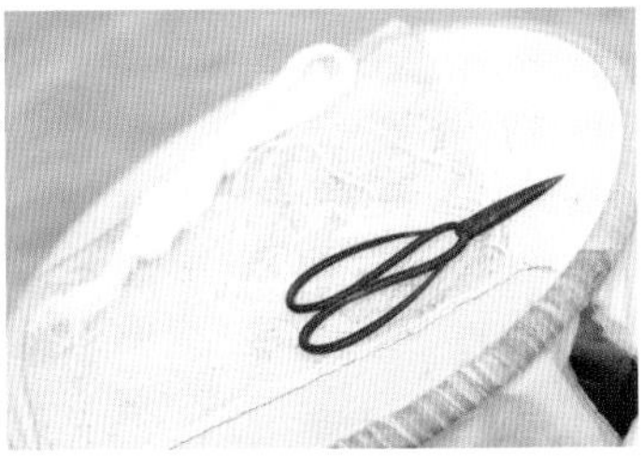

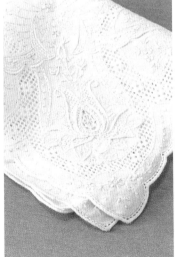

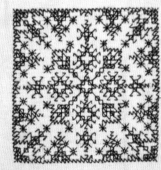

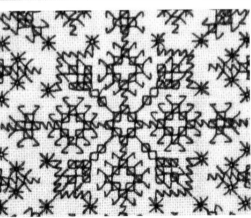

上幀照片的中心部位。背面也是重複著相同的花紋。

非斯是位於非洲大陸摩洛哥的古都。在此誕生的是伊斯蘭文化的美術圖樣，俗稱阿拉伯式花紋圖樣所打造出來的刺繡，就是非斯刺繡。和其他地區的刺繡最大的不同，就是非斯刺繡的正面和背面的圖案會完全一樣。方法是在平織布上一邊數著目數往前縫，到了某個地方就要折回、沿著原路回去把圖案描完。配色是以自古便受到非斯地區喜愛、代表和平的「藍色」，以及伊斯蘭文化的「綠色」為主，直到繡線開始普及之後，也有越來越多不同顏色可供玩賞。

從前有許多女性們因為興趣而製作這種非斯刺繡，但現在能夠繡出來的人已經逐漸減少，技術的傳承也成了一大課題。

中國的優美透光圖樣

汕頭刺繡

汕頭刺繡有著能夠透光的美麗纖細圖樣。這是在18世紀，由基督教的傳教士將蕾絲及刺繡技術帶到中國刺繡產地汕頭的村莊並發展至今。將布料上的絲線拆除一部分，使用了許多把剩下的線捲起來或抽紗的方式來進行刺繡，成品主要都是做成桌巾或者是手帕。正是結合了歐洲的優雅設計、以及中國的纖細技術才得到的高雅之美，自古就深受歐洲上流階級女性喜愛，廣傳至全世界。

即使是現今，也還是有許多成品被用來妝點特別的一天，尤其是手帕、和服、和服腰帶等，都是非常受歡迎的產品。

透光宛如雕刻一般美麗的汕頭刺繡。

接續世界刺繡小故事02（40頁）

花朵與植物
圖樣刺繡

BOTANICAL
MOTIF

最常見的花朵及植物圖樣，能夠和身邊的
各種物品融合在一起。這裡收集了就算是
花朵，也不會過於甜美、非常容易用來搭
配使用的設計。

宛如一幅繪畫一般的刺
繡別針，推薦搭配古典
的一件式洋裝造型。

Classical
×
Flower Brooch

01

紅色三色菫
別針

HOW TO MAKE
P.118

重點在於使用
三股絲線讓圖樣有立體感，
呈現出柔和的氣氛。

03

野花別針

HOW TO MAKE
P.119

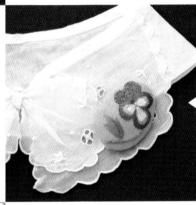

02

藍色三色菫
別針

HOW TO MAKE
P.118

04

白色果實
別針

HOW TO MAKE
P.119

05

蝴蝶別針

HOW TO MAKE
P.119

09

狂野花朵
髮圈

HOW TO MAKE
P.120

08

野玫瑰
髮圈

HOW TO MAKE
P.120

07

小雨
別針

HOW TO MAKE
P.122

06

大雨
別針

HOW TO MAKE
P.122

飄盪著古典氣息的別
針和髮圈。沉穩的色
調會給人一種知性的
感覺。

10

花草
拉鍊包

HOW TO MAKE
P.121

11

花草
眼鏡盒

HOW TO MAKE
P.124

在眼鏡盒上進行刺繡，
便能可愛地將眼鏡收納
起來。和鋪棉疊在一起
縫合，因此也具有保護
作用、非常牢固。

12

HOW TO MAKE
P.124

14

HOW TO MAKE
P.122

13

花草
杯墊

HOW TO MAKE
P.122

以女性化的花朵圖案為主，
加上珍珠及寶石裝飾，
增添優雅感，
可作為主角飾品的項鍊。

15

白花
項鍊

HOW TO MAKE
P.126

宛如將剛摘下來的花朵
直接做成項鍊，散發出
來的女人味為其魅力所
在。不管是搭配休閒風
格或者褲裝，都能別有
一番風味。

18

藍色花朵
項鍊

HOW TO MAKE
P.127

19

五彩繽紛花朵
項鍊

HOW TO MAKE
P.127

16

淡綠色
耳夾

HOW TO MAKE
P.127

17

淡粉紅色
耳夾

HOW TO MAKE
P.127

為刺繡小花綁上緞帶，
塑造出宛如捧花的樣貌。

珠子與法國結粒繡是整體重心。
使用四股線的法國結粒
繡做出蓬蓬立體感。

20

蓬蓬樹木
別針

HOW TO MAKE
P.128

21

紫羅蘭
別針

HOW TO MAKE
P.128

因為是降低彩度的成熟
感設計，因此就算是疊
放在一起，也不會覺得
過於濃豔。只需要一個
個綁在隨性的髮髻上。

23

HOW TO MAKE
P.129

22

OHANA刺繡
髮圈

HOW TO MAKE
P.129

能讓人神清氣爽的鈴蘭
圖樣。這同時也是可以
綱在領口的設計。

36

鈴蘭線條刺繡
手帕

HOW TO MAKE
P.133

39

銀色花朵
別針

HOW TO MAKE
P.135

38

金色花朵
別針

HOW TO MAKE
P.135

37

成熟圖樣
珠花包

HOW TO MAKE
P.136

37

38

39

用串珠、亮片或珍珠等勾
勒出圖樣,營造出華麗感
的氣氛。這是高級訂製品
風格的設計。

40

亮片
花朵髮叉

HOW TO MAKE
P.139

髮叉可以像裝飾性髮夾
一樣順著髮流夾在頭髮
上面,十分可愛!

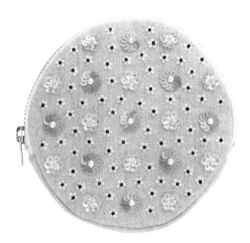

41

小花圖樣
圓形小包

HOW TO MAKE
P.138

42

野花圓形
繡樣

HOW TO MAKE
P.140

將圓形的花朵圖樣繡在容易刺
繡的亞麻布上。因為是非常簡
單的設計,因此可以放進畫框
裡做成裝飾,又或者作為廚房
桌巾等,非常容易使用。

Sampler

刺繡的「繡樣」同時也是練習用的範本。當
成練習來刺繡的同時,還能順帶做成小東西
或者裝飾品等,請盡情享受刺繡的樂趣吧。

43

蝴蝶與野花
繡樣

HOW TO MAKE
P.140

Sampler

宛如剪下山野風景一隅的繡
樣。不管是襯衫衣襬或者是裙
襬等，都可以用這款圖案來將
手邊的東西裝飾得更加可愛。

世界刺繡小故事

以下介紹被認為是日本三大刺繡工藝之一的「津輕小巾刺繡」與法國的「高級訂製製品刺繡」。

日本莊重的幾何圖案
津輕小巾刺繡

02

三縞小巾（岩木川下流，目前的五所川原市）

西小巾（以岩木川為分界線的弘前市西邊）

東小巾（以岩木川為分界線的弘前市東邊）

不同地區有各自的圖樣特徵。右邊是結構較為簡單的「東小巾」。中間是縫製在布目較窄的麻布上，圖樣非常細緻的「西小巾」。左邊則是「三縞小巾」，三條粗線組成的橫線圖樣令人印象深刻。

小巾刺繡有著質樸又美麗的連續幾何圖案，是在青森縣津輕地方流傳的技巧。一般的刺繡會將重疊的布料用拱針縫合，然後將圖案勾勒在縫線上，小巾刺繡卻是數著平織布上的奇數縱線，並將繡線穿過布料的正面與背面來繡出圖樣。

小巾刺繡的歷史非常悠久，這是在江戶時代只能穿著麻布農耕用衣的津輕農家女性，耗費一番工夫所發展出來的東西。當時製作的麻布非常薄，是很不適合用來度過北國嚴苛寒冬的服裝材料。為了要能夠穿得更加舒適，因而使用絲線來填補布目間的空隙，以這種簡單的方式來提高強度、加強保暖性，做出全家人的農耕服裝。

於此之後，這些女性又發現了變更絲線路線的樂趣，因此打造出了被稱為「MODOKO」的基礎圖樣。之後就結合各類這種圖樣，為家人、也為了能夠表現出自我，而做出了宛如爭相比較般的美麗花樣。這些細緻的連續圖樣，可以說是嚴苛生活當中所催生出來的智慧，亦是女性們美感的結晶。

時代更迭，由於明治以後比較容易取得棉布衣物，小巾刺繡也因此快速衰退，直到昭和初期的民藝運動以及傳統工藝復興活動，才終於得以復活。如今不但增加顏色種類，還再次重新回到眾人的生活當中，妝點生活一隅、擴展到其他地方。

結合成連續圖樣的「MODOKO」範例。目前存在有大約四十種左右。巧妙將這些圖樣組合在一起，便能夠打造出美麗的連續圖樣。

遵循傳統「MODOKO」的同時又將布料與繡線顏色組合成五彩繽紛的「津輕小巾刺繡」。現在多會繡在日常生活中會使用到的物品上。

使用繡線及串珠、亮片、寶石等，活用材料本身的風格，縫繡出立體的圖樣。藉由使用各種裝飾配件，在配件材質的挑選及位置排列上，就能夠有許多不同的表現手法。

搭配大量散布的華美配件，成品立體感十足的高級訂製品刺繡。這是在19世紀中葉以後的法國，支持著高級服裝店中高級訂製服的工房工作人員們培養、磨練出來的技巧。

這些技巧大致上可區分為「呂內維爾刺繡」以及「mainteuse刺繡」。所謂的「呂內維爾刺繡」是使用一種叫做「Crochet de luneville」的鉤針，將鉤針穿過布料，以針尖勾線並拉出，重複以上步驟往前刺繡。事先將珠子和亮片穿好線，再一邊刺繡，一邊將其固定在背面。由於這樣能夠快速且有規則地將圖案填補上去，因此在刺繡師當中廣為流傳。

另一方面，「mainteuse刺繡」是「串珠刺繡」以及「緞帶刺繡」等使用縫衣

針的刺繡總稱，適合使用在較為細緻的部分、或者要組合各式各樣材料的時候。

1960年以後，由於高級成衣的抬頭，高級訂製服的規模也越來越小，同時工房和師傅的數量也逐漸減少，但是在法國，為了要將這些技巧流傳到下一個世代，因此傾力保護及培育人才。在日本也因為前往正統發源地學習的創作家們大為活躍，而使得此技術廣為人知。尤其是高級訂製品的刺繡樂趣，能夠輕鬆享受高級訂製品的刺繡樂趣，非常受到歡迎。這本書當中也會介紹幾個作品，還請繼續閱讀。

本書當中介紹的作品，包含自各國刺繡獲得靈感而作出的設計。大家也可以作為創作的參考。

「呂內維爾刺繡」由於必須使用兩手進行刺繡，因此會將布料固定在繡框上進行作業（上幅照片）。
專用鉤針「Crochet de luneville」的針尖纖細又銳利，即使是較厚的布料也能穿過去，不過因為特性是將配件縫在背面，所以使用歐根紗等輕薄透光的布料會比較好刺繡（下幅照片）。

動物圖樣刺繡

ANIMAL
MOTIF

狗、貓、鳥，各式各樣的動物成了刺繡圖樣。使用五彩繽紛的針法以及串珠，以刺繡表現出動物細毛的樣子。

有活力的休閒風打扮，就讓動物裝飾品成為搭配重心。就像是和可愛的動物們一起出門般，讓人精神振奮。

05
P.043

10
P.045

Casual Style
×
Animal Motife

02

棕色柴犬
耳針

HOW TO MAKE
P.141

01

黑色柴犬耳針

HOW TO MAKE
P.141

03

法國鬥牛犬
耳針

HOW TO MAKE
P.142

就像真正動物一般的狗狗臉龐，
是一針一線細心刺繡的成品。
展現出手工製作才會有的
些許左右差異，非常可愛。

04

黑色法國鬥牛犬
耳針

HOW TO MAKE
P.142

05

玩具貴賓犬
耳針

HOW TO MAKE
P.142

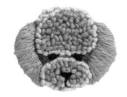
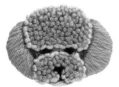

07

棕色虎斑貓
別針

HOW TO MAKE
P.143

06

三花貓
別針

HOW TO MAKE
P.143

08

紅棕異國短毛貓
單耳耳針

HOW TO MAKE
P.144

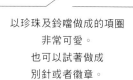

以珍珠及鈴噹做成的項圈
非常可愛。
也可以試著做成
別針或者徽章。

09

藍色異國短毛貓
單耳耳針

HOW TO MAKE
P.144

習慣這種擬真的
質感之後，
似乎也能做自己心愛
寵物的別針呢！

10

查理斯王騎士犬
別針

HOW TO MAKE
P.145

11

西伯利亞哈士奇
耳針

HOW TO MAKE
P.145

ANIMALE MOTIF

12 貓頭鷹別針

HOW TO MAKE P.146

13 小鹿別針

HOW TO MAKE P.146

14 刺蝟與
四葉幸運草別針

HOW TO MAKE P.147

15 松鼠別針

HOW TO MAKE P.147

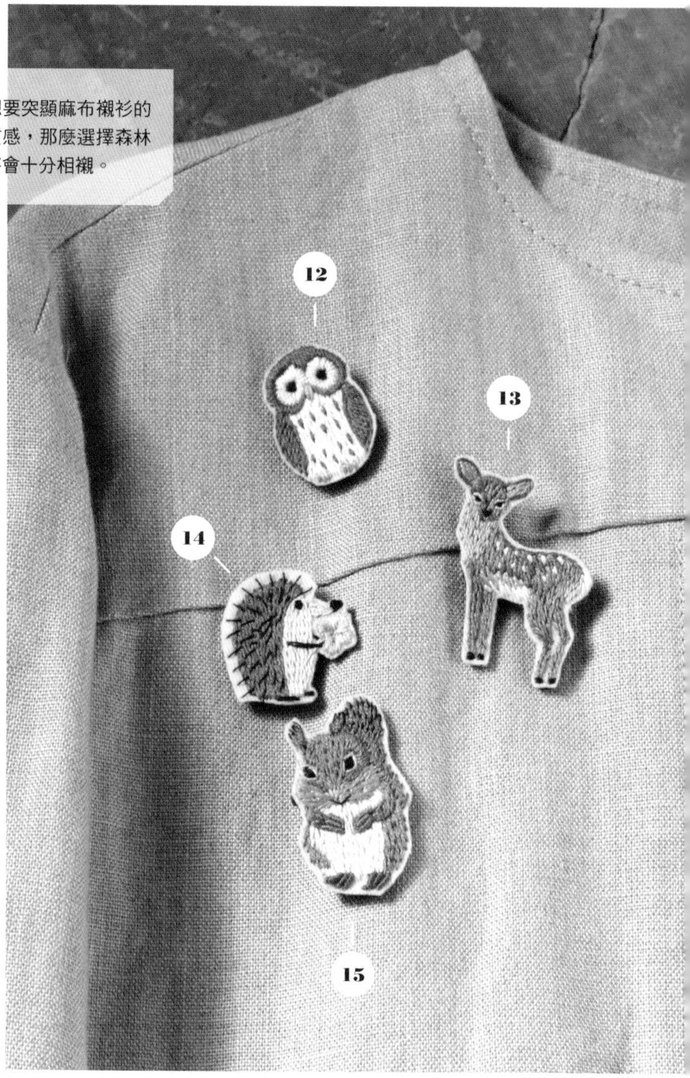

如果想要突顯麻布襯衫的
材料質感,那麼選擇森林
動物將會十分相襯。

使用許多種棕色繡線,
搭配出動物原有的顏色,
表現出真實感。

16 狐狸別針

HOW TO MAKE P.147

獨具存在感的狐狸別針,
能夠成為樣式簡單的包包
的重點裝飾。

19

白色曼赤肯
別針

HOW TO MAKE
P.149

18

金吉拉
別針

HOW TO MAKE
P.148

17

羊駝
別針

HOW TO MAKE
P.148

使用纜繩繡的針法來
表現出特別的蓬鬆感。

將輪廓繡縫得密密實實，
就能夠表現出那美麗的細毛。

以鎖鍊繡作出
毛茸茸感。

21

灰色貓咪
別針

HOW TO MAKE
P.149

20

小綿羊
別針

HOW TO MAKE
P.149

雖然只是小包包，但
有著大大的開口，能
將身上的小東西好好
放進去。特色是使用
回針縫繡在正反兩面
的波浪。

22

海鷗
隨身包

HOW TO MAKE
P.150

(FRONT)

(BACK)

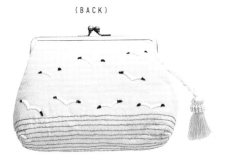

使用漸層色的
繡線。

24

綠色鸚鵡
別針

HOW TO MAKE
P.152

23

藍色鸚鵡
別針

HOW TO MAKE
P.152

五彩繽紛的羽毛顏色，
就使用漸層色的繡線來製作。

26

粉紅色鸚鵡
別針

HOW TO MAKE
P.152

25

橘色鸚鵡
別針

HOW TO MAKE
P.152

28

小松鼠別針

HOW TO MAKE
P.153

27

倉鴞別針

HOW TO MAKE
P.153

30

藍灰色貓咪
別針

HOW TO MAKE
P.154

29

刺蝟
別針

HOW TO MAKE
P.154

31

乳牛花紋
彈簧髮夾

HOW TO MAKE
P.155

以黑白兩色的特小串珠
來表現出乳牛花紋。雖
然是很簡單的裝飾卻個
性十足。

32

乳牛花紋
戒指

HOW TO MAKE
P.155

蝴蝶結藍色部分的人造絲
非常輕巧涼爽。

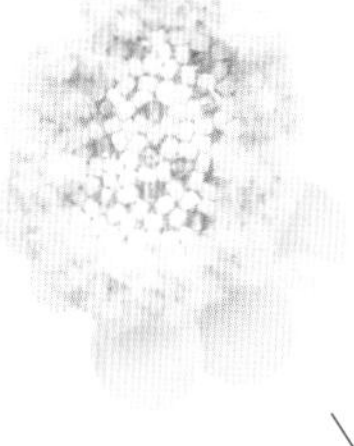

34

綿羊毛茸茸
別針

HOW TO MAKE
P.156

使用毛海來做法國結粒繡，
表現出毛茸茸的樣子。

33

魚尾巴
耳夾

HOW TO MAKE
P.156

日常生活
圖樣刺繡

DAILY
MOTIF

水果、甜點,以及大人的化妝品,以下介
紹的是日常當中各種圖樣的刺繡作品。都
是一些充滿玩心又獨具個性的圖樣。

非常能夠襯托出橘色系色
調的牛仔布料,就搭配新
鮮水果的圖樣。與時髦的
指甲油顏色也非常搭調。

American Casual
×
Fruits Motif

Juicy!

03

奇異果
別針

HOW TO MAKE
P.157

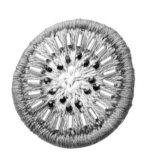

02

檸檬
別針

HOW TO MAKE
P.157

01

草莓
別針

HOW TO MAKE
P.157

用閃亮亮的珠子
做成鮮嫩欲滴的水果。
每顆種子也都仔細地繡上去。

將棉花塞進不織布當中，
做成蓬蓬立體感的
貼布片。

07 布丁別針
HOW TO MAKE　P.159

08 馬卡龍別針
HOW TO MAKE　P.160

09 巧克力蛋糕別針
HOW TO MAKE　P.160

04 杯子蛋糕別針
HOW TO MAKE　P.158

05 柳橙果凍別針
HOW TO MAKE　P.159

06 草莓蛋糕別針
HOW TO MAKE　P.159

用珠子來表現一粒粒種子，
製作出鮮嫩欲滴的水果。

13 櫻桃單邊耳針
HOW TO MAKE P.162

14 西瓜單邊耳針
HOW TO MAKE P.161

15 糖果別針
HOW TO MAKE P.162

10 柳橙單邊耳針
HOW TO MAKE P.161

11 奇異果單邊耳針
HOW TO MAKE P.161

12 鳳梨單邊耳針
HOW TO MAKE P.162

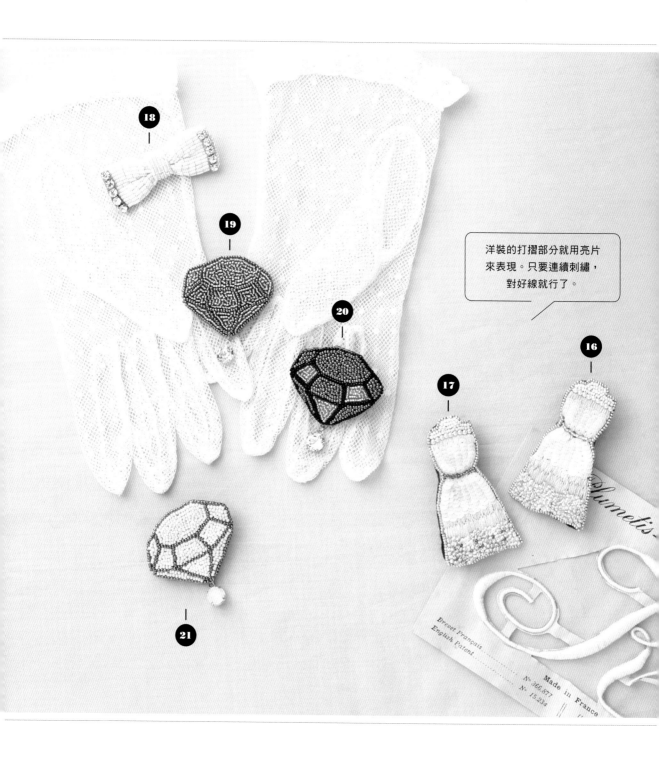

洋裝的打摺部分就用亮片來表現。只要連續刺繡，對好線就行了。

19 粉紅色寶石別針
HOW TO MAKE　P.165

20 金色寶石別針
HOW TO MAKE　P.165

21 白色寶石別針
HOW TO MAKE　P.165

16 粉紅洋裝別針
HOW TO MAKE　P.163

17 藍色洋裝別針
HOW TO MAKE　P.163

18 蝴蝶結寶石別針
HOW TO MAKE　P.164

將金色的珠子
與金線緊密縫合,便能夠
做出具有豪華感的成品。

25 泰迪熊別針
HOW TO MAKE P.167

26 — 28 高跟鞋別針
HOW TO MAKE P.168

22 香檳別針
HOW TO MAKE P.166

23 香檳杯別針
HOW TO MAKE P.166

24 紅色唇膏別針
HOW TO MAKE P.167

即使是
布目非常密實的麻布，
十字繡也會非常顯眼。

29

文具
隨身包

HOW TO MAKE
P.169

30

富士山提袋

HOW TO MAKE
P.170

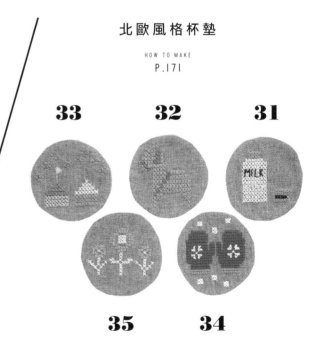

如果使用的是十字繡專用布，那麼不需要描圖索上去就能夠製作，非常簡單。

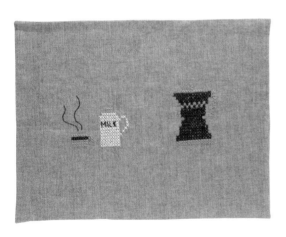

36

咖啡時光
午餐墊

HOW TO MAKE
P.174

北歐風格杯墊

HOW TO MAKE
P.171

33　　**32**　　**31**

35　　**34**

如果使用vinyl Aida繡布來刺繡，
那麼布目會非常清晰，
且不容易鬆開、也很防水。

40 紅色愛心耳針
HOW TO MAKE P.175

41 藍色愛心耳針
HOW TO MAKE P.175

42 黃色愛心耳針
HOW TO MAKE P.175

37 藍色紋章
HOW TO MAKE P.172

38 綠色紋章
HOW TO MAKE P.172

39 紅色紋章
HOW TO MAKE P.172

45

灰姑娘
耳針

HOW TO MAKE
P.177

44

快樂王子
耳針

HOW TO MAKE
P.176

43

撲克牌＆時鐘
耳針

HOW TO MAKE
P.176

寶石
耳針

HOW TO MAKE
P.178

46

兔子
別針

HOW TO MAKE
P.173

48

47

Lovely Story

49

北風與太陽
耳夾

HOW TO MAKE
P.178

蝴蝶
耳針

HOW TO MAKE
P.177

50

51

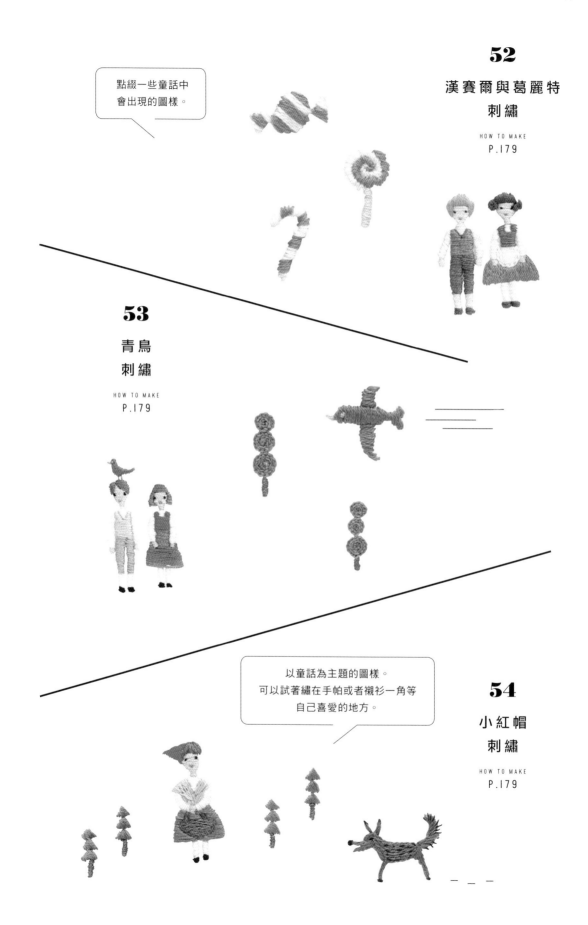

點綴一些童話中
會出現的圖樣。

52

漢賽爾與葛麗特
刺繡

HOW TO MAKE
P.179

53

青鳥
刺繡

HOW TO MAKE
P.179

以童話為主題的圖樣。
可以試著繡在手帕或者襯衫一角等
自己喜愛的地方。

54

小紅帽
刺繡

HOW TO MAKE
P.179

55

日常生活用品
圖樣

HOW TO MAKE
P.180

Sampler

以日常生活用品為主題的刺
繡圖樣。可以繡在較大塊的
麻布上，作為籃子收納的遮
掩布等，也可以拿來作為室
內裝潢的一部分。

當成縮寫也非常好用的手寫
體英文字母。重點就在於不
能讓曲線處出現縫隙，必須
慎重地進行刺繡。

Sampler

56

花朵英文字母
圖樣

HOW TO MAKE
P.181

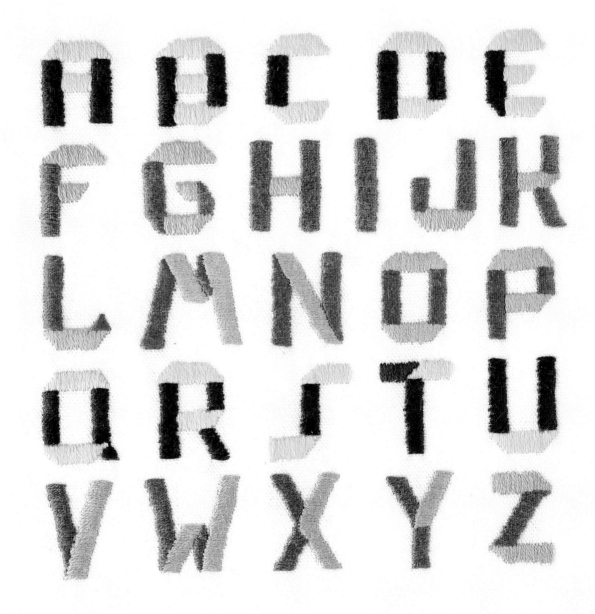

以等寬線條描繪出的黑體英
文字母。可以繡在手帕上當
成名字縮寫等等,享受使用
於不同情境的樂趣。

57

時髦英文字母
圖樣

HOW TO MAKE

P.182

BASIC TECHNIQUE

基本技巧

以下介紹製作作品需要使用的工具、材料，
以及基本的針法縫紉方式和製作成作品的方式。

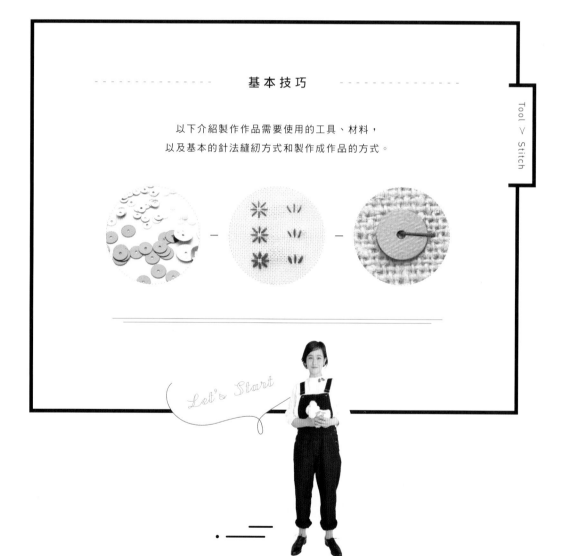

Let's Start

打結方式

單結

八字結

蝴蝶結

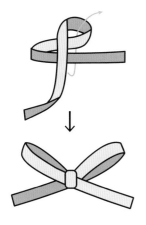

縫製方式

藏針縫

讓布料收口能夠漂亮縫合的針法。訣竅就是讓針與布料平行，挑起布料折起之處。

捲針縫

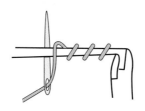

將稍具厚度的布料確實縫合在一起的方法，針腳會有些傾斜。

毛邊縫

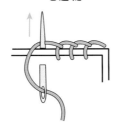

將兩片或多片布料疊合在一起時用來縫合邊緣的針法，也可以作為刺繡的一部分。

縫合（平針縫）

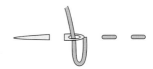

將兩片布料縫合在一起的縫法。基本上刺繡的平針縫也是一樣的針法。

回針縫

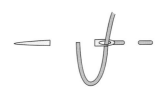

比平針來的穩固，也可以代替縫紉機的針法。

垂直縫

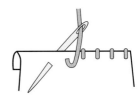

將針目擺放為小直線，讓針目不會過於明顯。貼片也會使用這種收邊方式。

---

1 • **描繪線條圖樣的針法**
若能夠先將圖案的輪廓線繡好，之後要用其他針法填滿整面就比較容易。先把花朵的花莖和樹枝線條繡好的話，也比較容易抓到整體圖樣的感覺。最具代表性的針法…輪廓繡、回針縫、鎖鍊繡等

2 • **填滿整面圖樣的針法**
由圖案中心繡起，會比較容易調整形狀。秘訣在於不要露出空隙，仔細地繡滿。
最具代表性的針法…緞面繡、長短針繡、法國結粒繡等（有時也會以輪廓繡、鎖鍊繡填滿整面）

3 • **將線與點疊合在一起的針法**
在填滿整面的刺繡上重疊線條或點狀圖案。
最具代表性的針法…法國結粒繡、回針繡、輪廓繡等

4 • **縫上串珠**
如果先縫好珠子，很容易妨礙其他地方的刺繡、又或者是變得很重，因此原則上都是最後才縫珠子。

為了能夠漂亮做出作品的

刺繡順序

- 1 輪廓線
- 4 縫上串珠
- 2 填滿整面
- 1 描繪線條
- 3 將線與點疊合在一起

刺繡需要的材料

以下介紹本書刺繡過程中所使用的基本繡線、布料、珠子。

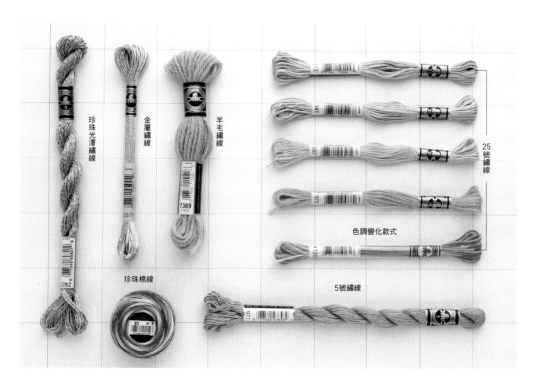

除了25號繡線以外，另外還會使用粗細與25號不同的5號繡線、金屬光澤或者漸層色的線等，因應不同圖樣的設計。

珍珠光澤繡線、金屬繡線

是會閃爍著金屬光芒的絲線。

羊毛繡線

這是100%羊毛做成的線，適合想呈現出分量感的時候使用。

25號繡線

在繡線當中有最多顏色的線，這本書當中主要使用的絲線。

珍珠棉線

這是具有珍珠般光澤的100%棉線。有單色和漸層色，粗細則有5號、8號及12號共3種。

5號繡線

比25號繡線來得粗，通常都是用單股線。

色調變化款式

25號繡線的漸層色款。也被稱為多色款。

---

memo

直接分裝到拉鍊袋當中收納，這個方法做起來很容易，很推薦。

這是百元商店賣的繡線專用收藏夾，可以將買來的線重新捲好使用。

如果繡線已經所剩不多，那就繞在洗衣夾上，用夾子夾住線頭。

簡單收納這些容易纏在一起的繡線！

繡線編號

繡線的編號越大，表示線越粗。25號繡線6股加在一起，大概和5號線單1股一樣粗。

刺繡基本上能夠刺繡在大部分的布料上，除了本書當中使用的布料以外，同時也在此介紹一些初學者繡起來比較輕鬆的布料。

刺繡用布

販售時寫明刺繡專用的布料，經緯線的間距較為平均，也不會太薄或過厚，大部分都是非常適合初學者拿來刺繡的布料。尤其是十字繡用的布料，特徵就在於網目非常大，能夠一邊數布目一邊刺繡。

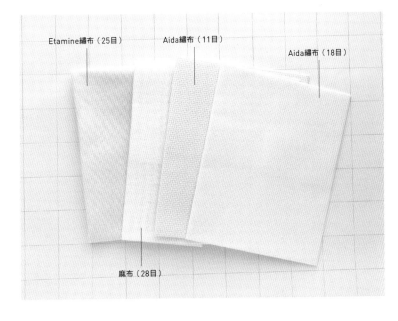

Etamine繡布（25目）　Aida繡布（11目）　Aida繡布（18目）

麻布（28目）

Etamine繡布（25目）

100%棉製的平織布料。布目密集的程度剛剛好，初學者繡起來也很輕鬆。

麻布（28目）

100%麻料的刺繡專用布料。布目並沒有那麼寬，因此可以用來繡比較細緻的圖案。

Aida繡布（11目）

幾乎不是布目而是格子狀，可以直接數格子刺繡，適合用來繡十字繡等需要數布目來繡的刺繡款式。

Aida繡布（18目）

有著清晰布目的棉布。特徵是網目較寬因此能夠輕鬆將針穿過去，繡線也不太容易散開。

布襯

在刺繡前或刺繡之後如果能夠貼上布襯，那麼布料會比較容易拉平。種類非常繁多，從很薄到深具厚度的款式一應俱全，請根據作品來選擇適用的款式。

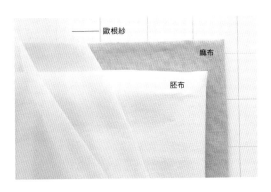

歐根紗

麻布

胚布

其他布料

即使不是刺繡專用布料，只要好繡，那麼任何布料都能夠拿來使用。以下就來介紹比較容易取得的布料。

歐根紗

在做高級訂製品刺繡作品的時候，基本上都必須使用歐根紗。特徵就是背面透光、非常容易刺繡。

麻布

根據布料款式的不同，有些可能會容易起皺，因此最重要的就是刺繡前先燙過一遍。

※基礎布目調整方式
→參考P.75

胚布

厚度中等的原色或米白色胚布，非常貼近生活且容易取得，也很容易把圖案描繪上去。

何謂目數

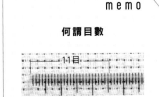

11目

此單位為布料的每1英吋（＝2.54cm）當中有幾個網目，數字越少表示網目越寬。照片上是十字繡用的11目布料，1英吋當中有11個布目（11個方塊）。

不織布

不織布於繡完圖樣之後再剪開來，布邊也不會綻開，所以是非常適合拿來做首飾加工的材料。

※描繪圖案到不織布上的方式
→參考P.74

大圓珠

和小圓珠形狀一樣的圓形珠子，尺寸上比小圓珠大了一圈。

小圓珠

非常容易取得的圓形小珠子。顏色種類非常豐富，很容易用來填滿整面刺繡。

切面珠

由於表面被切為不規則的樣子，特徵是根據看的方向不同，反光樣子也會出現不同的變化。

特小珠／單切面特小珠

特小珠

單切面
特小珠

特小珠是比小圓珠尺寸更小的珠子。單切面特小珠則是特小尺寸的表面有一個平面切面的珠子。

三角珠

如同文字所描述的，是三角形的珠子。有大中小各種尺寸。

管珠

二分管（約6mm）

一分管（約3mm）

宛如竹子形狀一般的細長形珠子。如其尺寸的一分及二分標示，數字越大的，長度就越長。長度也可能會以cm來標示。

關於串珠的形狀及名稱

串珠有各種形狀，不同的製造商或店家也會有不同的稱呼。

球形（圓形）

橄欖形（橢圓形）

水滴形

方形（四角形）

菱形

尖橢圓形

捷克棗珠

捷克珠當中最具代表性的珠子，是將經過切割的玻璃經過加熱之後使其出現光澤。尺寸、顏色及形狀都五花八門。

捷克珠

捷克生產的珠子統稱，經由高精密度的玻璃加工，製造出複雜的色調以及外型。

亮片

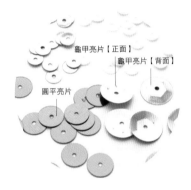

龜甲亮片【正面】
龜甲亮片【背面】
圓平亮片

中間開了一個洞的圓型服裝材料。除了龜甲型及圓平型以外，也還有各種形狀的亮片。

珍珠仿珠

主流是使用壓克力等樹脂來製作，除了如同照片上的球型（圓形）以外，顏色、型狀和尺寸都種類豐富。

人工寶石

手工藝品當中使用的寶石，一般為壓克力或玻璃製的配件。附底座的平底鑽或人工鑽也都是人工寶石的一種。

平底鑽／人工鑽

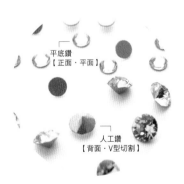

平底鑽【正面·平面】
人工鑽【背面·V型切割】

表面切割成宛如鑽石般的玻璃製（或樹脂製）石頭，可以嵌在寶石底座上使用。也有些款式附底座。

刺繡工具

以下介紹不管是哪個作品都會時常使用到的工具，以及先準備起來會比較方便的工具。
為了製作出漂亮的作品，首先就把工具準備齊全吧。

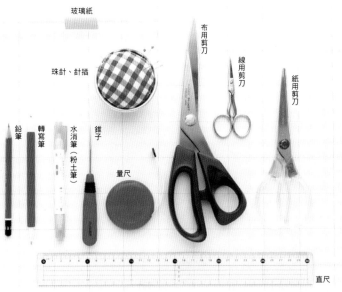

複寫紙
有遇水即消失等等的各種款式。

玻璃紙
描繪圖案的時候（➡參考P.74）使用。使用包衣服用的這類玻璃紙即可。

珠針、針插
除了做記號的時候可以使用，縫製作品時也會派上用場。

鉛筆
想拿來代替水消筆做記號用的話，就選擇2B左右、顏色較深的款式。

轉寫筆
複寫圖案用。也可以使用已經沒有油墨的原子筆代替。

錐子
想鬆開縫線又或者加工飾品的時候，都能夠派上用場。

布用剪刀
用來裁剪刺繡用布料或不織布的大型剪刀。

線用剪刀
尖端銳利的小剪刀比較容易使用。

水消筆（粉土筆）
描繪圖案或者做記號用。遇水即消失的款式非常方便。

量尺
測量弧度的長度時使用。

直尺
測量直線的長度時使用。

紙用剪刀
為了要裁剪版型及複寫紙，另外準備一把紙用剪刀。

繡框

用繡框來把布料拉平，繡線就能夠拉緊不過鬆，也比較好畫。最小有直徑10cm左右，可依照作品來選擇容易使用的尺寸。

熨斗、燙衣板

刺繡前熨燙布料、刺繡後熨燙圖案，會讓整體變得更為平整漂亮。

要熨燙已經刺繡完成的布料時，要將毛巾鋪在燙衣板上，從刺繡圖案的背面熨燙，這樣就不會破壞刺繡圖案。

針

請根據不同的技巧，分別選擇法國刺繡用的繡針、
串珠針、十字繡用針、縫衣針來使用。

串珠針

是一種為了能夠穿過小珠子，針孔非常小、細長形的針。只要能夠穿得過珠子，縫領針等日本傳統的細長縫針也可以。

繡針

適合用來繡法國刺繡的繡針。針孔縱而細長，2股或3股線也很容易穿過。不同的號數表示針體的粗細以及針孔大小。

各種縫衣針

如果要縫的是孔洞較大的珠子，也可以使用普通的縫衣針。想要製做隨身包等小東西、或者是整理刺繡圖案背面的時候也都能用上。

十字繡用針

此種專用針的尖端並沒有那麼銳利，所以適合要穿過網目的十字繡。
※本書P.60的作品使用此針。

先準備好比較方便的工具

考量到作品尺寸或者便利性，最好能先準備起來。

固定用夾

如果有用珠針不好固定的布料，又或者剛用黏膠黏合布料時，都可以用夾子夾起來暫時固定著比較方便。

桌上型穿線器

縫衣針等一般針使用這種工具，只需要按一下，線就會穿過去。※但繡針無法使用，還請多加留心。

三角盤

這是要擺放珠子或小配件時使用的小托盤。三角形的形狀比較容易讓珠子聚集在一起，要收回盒子或袋子裡也會比較輕鬆。

防滑墊

如果要用針直接挑起珠子，放在防滑墊上珠子就不會滾來滾去、容易挑起。

刺繡基本知識

在此將會解說，進行刺繡時所需的圖案描繪技巧，
以及刺繡開始到收尾的技巧等基本知識。

使用紙襯

如果是具有伸縮性的布料，又或者是顏色很深不好描圖的布料，那麼使用紙襯也非常方便。

1

描好圖案之後將紙襯熨燙在布料上。

2

直接在紙襯上刺繡，繡好了之後把紙襯撕掉。

使用會溶於水的轉印貼紙

2 **1**

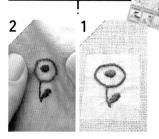

1 使用麥克筆等將圖案描在透明轉印貼紙上，貼在布料上之後直接刺繡。
2 刺繡完成之後只要輕輕用水洗過，貼紙就會溶化了。

不織布等不好描圖的布料

如果是容易起毛的毛料或者不織布等，不太好用轉寫筆描圖的布料就用以下方式。

1

將圖案放在布料上，以錐子沿著圖案的線條打幾個洞。

2

以水消筆點畫錐子打出來的洞。如果布料顏色較深，就使用白色或黃色的水消筆。

3

一邊看著圖案，一邊將剛才畫出來的點連起來，畫出圖案。

普通布料使用轉寫筆

這是最一般的方法，能夠把圖案描在各種材質及顏色的布料上。

1

要準備的東西是布料、水消筆、圖案、玻璃紙（用來包裝東西用的即可）、轉寫筆。

2

將複寫紙放在布料上，背面朝下，再依序放上圖案、玻璃紙，然後以轉寫筆描繪圖案。如果沒有轉寫筆的話，也可以使用已經沒有油墨的原子筆。

3

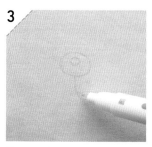

描完的圖案如果顏色太淺，那麼就用水消筆再描一次。如果使用遇水即消失的複寫紙或水消筆，之後就不會殘留痕跡，能做得比較漂亮。

調整布料網目

1

剛買來的布料，基本上都要經過一次水洗的步驟才能使用。這樣一來之後再次清洗，也不會繼續縮水。如果要做成裝飾品，那麼就不一定要整體洗過，可以用噴霧器噴濕就夠了。

2

用噴霧器噴濕的布料，以熨斗把它燙乾。燙的時候要一邊拉平布的邊緣進行調整，讓布的經緯線都呈直平狀態

黏貼布襯

如果是容易拉扯變形、或者較薄的布料，請貼上布襯之後再行刺繡。尤其是要做成包包或者隨身包的話，一旦圖案變鬆就會不好看。在黏貼布襯之前，先稍微熨燙過布料。把布襯剪成比布料稍小的尺寸，把黏貼面放在布料的背面，以中溫由中心向外熨燙。

繡線穿針方式

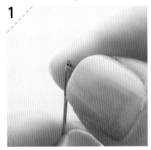

1

若線為2股以上，要穿過針還是需要一些小技巧。首先將線頭繞過針頭平的那端，稍微折起來，用指尖壓出摺痕。

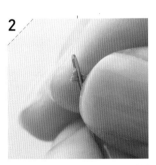

2

用指尖把折起來的部分壓扁，將折點穿過針孔。

單股的情況

單股的線可以直接讓線頭穿過針孔。照片是5號繡線的單股線。可以先用非常銳利的剪刀剪斷線頭之後，會比較好穿針。

繡線處理方式

1

25號繡線是將6股線搓在一起的。首先將纏在一起的6股拉出需要使用的長度。

2

一次使用的分量如果太長的話，會非常容易纏繞在一起，因此大約是40cm左右。謹記約莫是指尖到手肘的長度，這樣就不需要拿直尺來量，比較輕鬆。

3

從6股線當中拉出每1股繡線。如果一次拉2股出來，就會纏繞在一起，因此務必1股1股拉出來。

4

如果要使用2股的時候，就再把2股線併在一起。3股以上也是這麼做。就算是要用到6股，最好也先將線1股1股拉出來之後重新併在一起，這樣會比較漂亮。

開 始 刺 繡 與 刺 繡 結 束

將 布 料 嵌 在 繡 框 上

4

貼著刺繡圖案剪斷線頭。

5

將刺繡開始的線頭穿過針，一樣纏繞在圖案上後剪斷。

要打結？
不打結？

法國刺繡基本上在製作的時候並不會打結固定或打結收尾。但是，如果製作的物品使用了較厚的不織布、又或者合成皮革的時候，不管從正面或是背面看，結都不會太明顯，那麼也可以直接打結。如果是要做小東西、或者要縫穩珠子的話也可以打結。

1

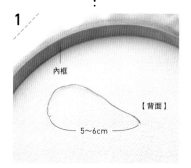

不要打結（➡參考P.77），將線直接留下5～6cm之後開始刺繡。※如果是要繡上緞面繡這類針法來填滿大面積的話，請參考➡P.80

2

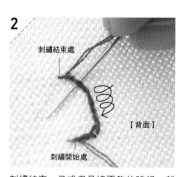

刺繡結束，又或者是線不夠的時候，就將針從背面穿出，並將線纏繞到背面的圖案上。

3

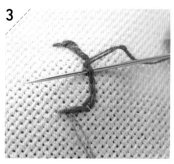

纏繞2～3次。

1

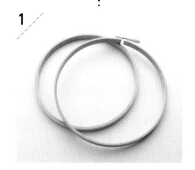

鬆開繡框上的螺絲，把內框和外框分開來。

2

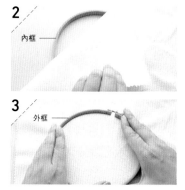

3

將布料蓋在內框上，在將布拉平的狀態下，把外框放在上面，兩手併用將其嵌合。

4

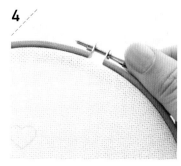

確認經緯線是否為垂直狀態，沒有問題的話就鎖緊螺絲。

打 結 固 定	打 結 ② （繞 在 針 頭 上 的 方 法）	打 結 ① （用 指 尖 打 結 的 方 法）

1

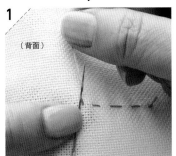

（背面）

刺繡結束之後將線從布料背面拉出，把針放在刺繡的最後一針上，將線繞在針頭上兩圈。

1

將線穿過針，把線繞在針頭上2圈。

1

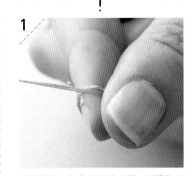

拿著線頭，在食指上繞一圈，以拇指和食指將線搓在一起。

2

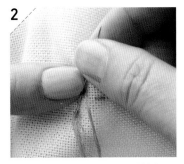

以拇指壓著繞好的線，緩緩將針抽出。

2

用手指壓著纏繞的部分，緩緩將針抽出。

2

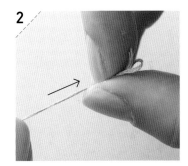

將兩股線捻在一起後，壓著捻合的部分然後拉線。

3

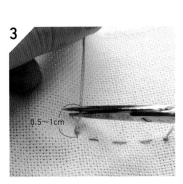

0.5～1cm

打完結之後留下0.5～1cm的線頭後將線剪斷。

3

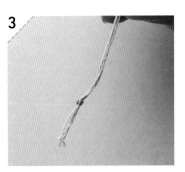

將線拉到尾端，打結完成。

3

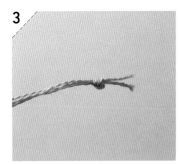

打結完成。

主要刺繡針法

請先練好本書當中經常使用的各種針法。
完成品的照片分別使用2股、3股、6股繡線來進行刺繡。

回針繡	輪廓繡	直線繡

回針繡

先回頭之後再從前面出針，等距離前進的針法。

輪廓繡

經常使用在輪廓線上的針法。重點在於繡到曲線時要縮小針距。

直線繡

宛如繡上直線一般的基本針法。通常會結合其他針法使用。

1

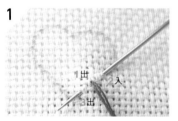

由1處出針後回頭1個針距的長度，由2處下針。從距離1個針距的3處出針。

1

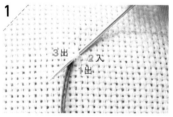

由1處出針後往2處入針，再由3（與1在同一位置上）出針。只有1到2這最初的1個針距長度為其他針距的一半。

1

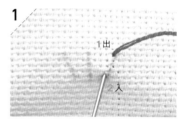

從1處出針後往2處下針。

2

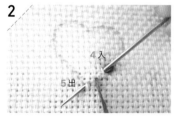

由4處（與1在同一位置上）出針，在距離1個針距的5處出針。重複以上步驟。

2

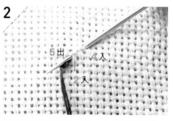

往回頭1個針距的長度，由5處（與2在同一位置上）出針。

2

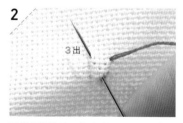

要繼續繡的話，就讓針從下一個圖案處出針。

3

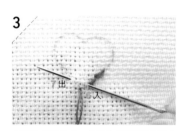

有轉角或彎曲處，也維持1個針距的長度出針。

3 **4**

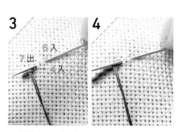

一樣往回頭1個針距的長度，由7處（與4在同一位置上）出針。重複以上步驟。

3

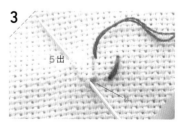

重複相同步驟。

飛行繡	法國結粒繡	鎖鍊繡
宛如描繪圖樣的針法。先繡一個V字形,再變成Y字形。	不管是拉線的強度、或者是捲的次數,都會改變結粒的大小。	鎖鍊形的針法。維持一致的圓圈大小進行刺繡,圖案就能做得很漂亮。

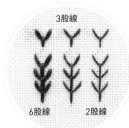

3股線

6股線　2股線

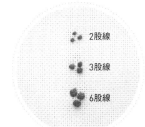

2股線

3股線

6股線

3股線

6股線　2股線

1

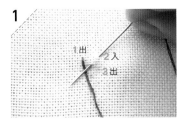

由1處出針,將線拉到針的下方,並由右邊的2處入針後,從斜下方的3處出針。

1

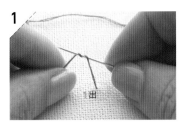

由1處出針後將線繞在針上2圈。

1

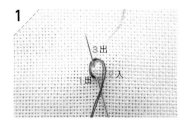

由1處出針,從緊鄰的2處入針。將線繞在針頭上,於距離1個針距的3處出針。

2

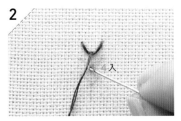

由正下方的4處入針,就完成了一個飛行繡。

2

入針至原先1處,將繞好的線拉到針的下方。

2

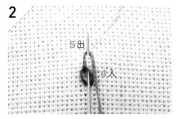

一樣在緊鄰3的4處入針,將線繞在針頭上,於距離1個針距的5處出針。

3

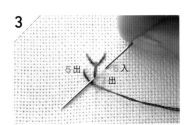

若要繼續繡下去,就一樣以寫個Y字的方式繼續往下繡。

3

緩緩將針抽出,這時候用手指壓著繡線,線就不會纏在一起。

3

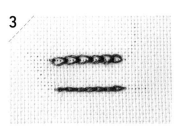

將線拉緊的話,圓圈就會變細長,可以使用在勾勒刺繡圖案的輪廓時使用。

十字繡

如同文字敘述，是讓線做十字交叉的針法。經常會用來填滿整面。

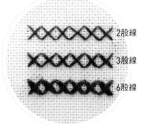

- 2股線
- 3股線
- 6股線

1

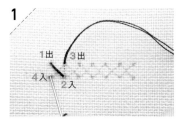

只繡1個的時候

如果只繡1個十字，就依照1～4的順序繡上。

2

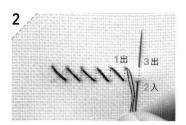

如果想繼續繡下去

連續刺繡的時候。先繡好一整列斜線。

3

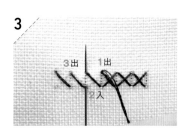

往右繡完一整列之後，再回頭繡另一個方向的一整列。

4

右半邊繡完的樣子。左右對稱的圖樣，從中心開始將兩邊分開來繡，比較容易讓形狀對稱，能繡得比較漂亮。

5

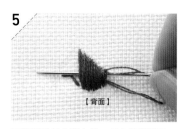

【背面】

已經繡到最右端之後，把布料翻過來，讓針從布料與繡線之間穿過去，回到中心點。

6

將布料翻回正面，於中心的頂點出針，一樣繡好左半邊。

7

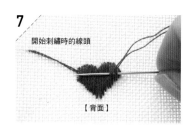

開始刺繡時的線頭

【背面】

繡完之後，將布料翻到背面，將繡線繞繞2次左右之後剪斷。將開始刺繡時的線頭穿過針，做相同的處理。

緞面繡

能夠繡出宛如緞面布料光澤般的針法。像是要遮擋住布料般，儘量不要有間隔地密縫在一起。

- 2股線
- 3股線
- 6股線

1

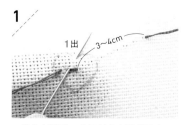

一開始刺繡時，先把針放在距離圖案3～4cm遠處入針，在圖案的中心縫2針之後，再回頭縫1針。接著由1處出針。

2

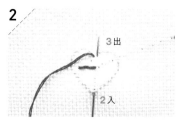

由正下方的2處入針，並由緊鄰1處的3處出針。

3

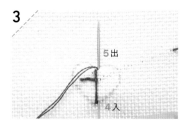

於緊鄰2處的4處入針，並於緊鄰3處的5處出針。重複以上步驟。

盡可能不要裁剪
布料後再刺繡

為了讓布料比較好固定在繡框上，布料要盡可能維持大面料來使用。

如果要製作
複數作品

如果要使用相同布料製作大量作品的時候，也不要裁剪布料，請直接刺繡，之後再剪就好了。

無繡框的
刺繡

如果因為布料太小、無法固定在繡框上刺繡，那就用手指將布料拉平，刺繡的同時要注意有沒有過度拉扯絲線。

雛菊繡

做一個圓圈之後可以就此結束的針法。也可以繡好幾個，搭配使用。

1

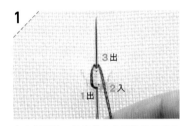

由 **1** 處出針，並自與 **1** 處相同的 **2** 處入針，由 **3** 處出針後，將線勾在針上。

2

緩緩將線收起。

3

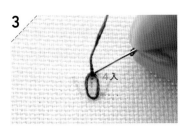

於 **3** 處稍上方處入針，藉以固定剛完成的圓圈上端。拉線時如果過於用力，會使圓圈變形，還請多加留心。

長短針繡

針腳有長有短、不拉出間隔來繡的針法。經常使用在填滿整面上。

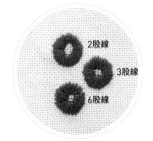

1

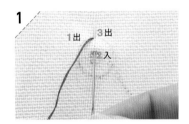

由圖樣中心的頂點 **1** 處出針，於正下方的 **2** 處入針，再由緊鄰 **1** 處的 **3** 處出針。

2

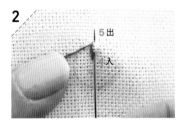

在旁邊繡上 **1** 與 **2** 之間一半長度的針距。

3

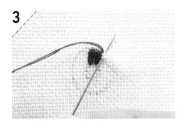

交替繡上長短針距，和緞面繡一樣填滿整面。

珠花刺繡

高級訂製品刺繡（➡參考P.41）一般會使用名為Crochet de luneville的工具，
這裡介紹的是初學者也能做到，使用串珠針及繡線就能縫好的方法。

串珠

連續刺繡	單顆刺繡
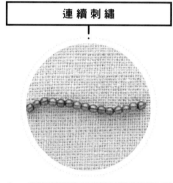	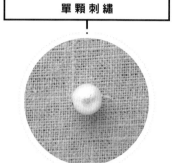

4

從第1個及第2個珠子之間出針。

5

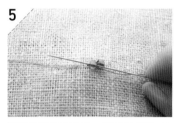

將針穿過第2個珠子，並將第3個珠子穿
進針裡。重複以上步驟。

6

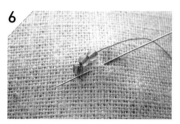

若是刺繡距離較長，可以一次穿過數個
珠子。照片為一次穿過3個珠子，從第3
個珠子旁邊入針，並回到2個珠子位置處
出針。

7

再將針穿過後面兩個珠子，然後再次穿3
個珠子進去。重複以上步驟。

1

和繡單顆的時候一樣，縫上1顆珠子。

2

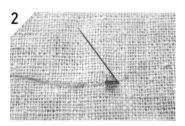

將針回到剛開始刺繡的地方後出針。

3

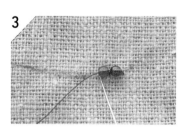

將針穿過第1個珠子，並將第2個珠子穿
過針後入針。

1

將針從想縫珠子的地方微微偏左處出
針。

2

將珠子穿過針，於1處微偏右方處入針。

如果珠子較大、想縫穩一點，就在同一
個地方再次入針，縫兩次。

---

memo **想縫平面大珠子的時候** 如果使用黏膠黏貼之後再以針線固定，就能好好縫在預定的位置上。

亮片

單邊固定

由亮片中心出針，緊鄰著亮片入針。

雙邊固定

固定好單邊之後，將針回到中心點，另一邊用一樣的方式縫好。

4

從間隔1顆珠子處的內側出針。

5

從外側自相同位置入針。

6

於間隔2個珠子處，一樣將線繞過去固定。

7

再次間隔2個珠子，一樣將線繞過做固定。如果珠子數量較多的話，固定線的數量最多間隔3個珠子也OK。

圓形刺繡

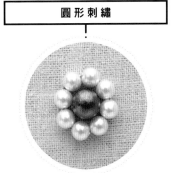

1

中心的珠子以單顆刺繡的方式固定好，把線拉出來。將周圍需要的珠子數量穿進針裡。

2

把針穿過第1個珠子。

3

緊鄰第1個珠子旁入針。

亮片

圓形刺繡

1

以亮片的連續刺繡要領,加上描繪出圓形的方式來刺繡。亮片中心孔洞所描繪出來的圓圈,可以先在布料上做標記。

2

在縫最後1片的時候,以手指將第1片翻起來,蓋在最後1片上面。

何謂珍珠仿珠的溢料?

珍珠仿珠經常在孔洞周圍會附帶有片狀的塗料等,請使用錐子或較粗的針將其清除乾淨。

4

拉線之後,與步驟2相同,在距離亮片半徑處出針。

↓

5

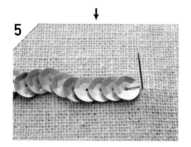

重複步驟3與步驟4。依照半徑長度前進,縫線就會被藏在亮片下。

珠子固定

由亮片中心出針,穿過珠子之後於相同位置入針。

連續刺繡

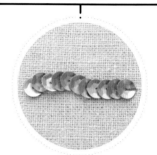

1

將亮片做單邊固定(➡參考P.83)之後,由亮片中心出針。

2

於距離亮片半徑長度處出針。

3

將針穿過第2個亮片的孔洞,並將針向上拉出,讓第二個亮片剛好重疊在第一個亮片的縫線上。

製作作品的基礎

在刺繡完成之後，會加上金屬或其他材質的配件，製做成裝飾品或小東西。
還請牢記金屬及其他材質配件固定方式的基本技巧。

黏膠

多用途黏膠

能夠黏合布料、金屬配件、合成皮革等各式各樣材質。尤其是要黏貼金屬配件的時候，建議使用速乾的款式。

白膠

用來黏合不織布或者布料。雖然不是速乾款式，但是價格便宜且非常好取得。

牙籤

如果要塗少量黏膠到金屬配件上，或者是想塗滿作品整面的時候可以使用牙籤。

鑷子

用來拾起珠子、撿起金屬配件等比較精細的作業，都非常方便。

手縫線（車縫線）

收拾繡線的背面，或者做小東西的時候會用上。也有時會拿來縫珠子或金屬配件。

斜口鉗

如果有鐵絲或針類等，以剪刀無法剪斷的東西，就用斜口鉗剪。

錐子

除了去除珠子的溢料（➡參考P.84）、打開鍊子的寬度（➡參考P.87）等用處以外，也可以鬆開縫線等，在裁縫方面用途廣泛。

圓頭鉗子

要彎折9字針或T字針的時候，又或需要裝C形環和O形環的時候使用圓頭鉗子。由於前端圓而細，適合處理精細作業。

平頭鉗子

由於前端為平頭，需要壓緊線夾、或者將金屬配件閉合的時候就可以使用此工具。通常和圓頭鉗子是一組的，也可以用來開闔C形環和O形環。

要將刺繡好的東西製做成裝飾品的時候，需要使用金屬及其他材質的配件來加工。金屬配件有金色、銀色、古銅色等（參考P88），請搭配作品的意象來選擇顏色。

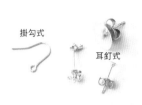

掛勾式

耳釘式

耳針用金屬配件

有可以將刺繡圖樣貼上去、附圓盤的款式；也有附掛勾，可以垂掛圖樣的款式等。

鍊條

主要用在項鍊上。有各種大小和設計，可以配合作品的感覺來選擇使用的款式。

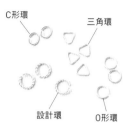

C形環

三角環

設計環

O形環

環類

主要是用來連接裝飾品金屬配件及刺繡部分的金屬配件。使用的時候以鉗子將開闔處打開。

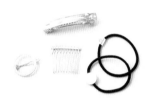

髮飾用金屬配件

髮圈、彈簧夾、髮叉等。髮圈可以選用有附圓盤、能夠貼刺繡圖樣上去的最為合適。

別針用配件

這是用來放在刺繡圖樣後面，將其做成別針的金屬配件。可以用縫線來固定，也可以使用黏膠。

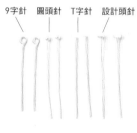

9字針　圓頭針　T字針　設計頭針

針類

用來穿過珠子再將前端凹折之後，拿來做成配件用的金屬配件。長度及粗細都種類繁多。

彈簧包用配件

用來裝在眼鏡盒類彈簧開口處的配件。裝的方法非常簡單，只要把螺絲取下，將布料穿過去後再鎖上螺絲即可。

彈簧式耳夾

螺旋式耳夾

耳夾用金屬配件

有彈簧式和螺旋式等款式。彈簧式若選擇有矽膠附蓋的款式，耳朵就不會那麼痛。

問號勾　　　彈簧扣

調整用鍊條

彈簧扣、問號勾、調整用鍊條

彈簧扣和問號勾是固定在項鍊或手鍊的鍊條兩端的金屬配件。調整用鍊條是在想要改變鍊條長度時使用的。

擴大鍊條圓環

1

鍊條圓環太小導致O形環或C形環不好通過時，可將錐子插進去，讓鍊條的圓環變得稍稍大一點。

2

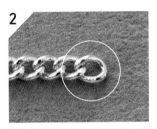

最右側的是有稍微擴大的部分。如果太過強硬撐開的話，鍊子很可能會斷掉，因此要一邊留心鍊子狀況一邊撐開。

底座的嵌合方式

人工鑽（➡參考P.71）或者沒有開洞的珠子類，需要鑲嵌在底座上使用。將寶石放在底座上，使用平頭鉗子將爪子一支支彎折起來。

T字針、9字針的裝設方式

1

將珠子穿過針，使用鉗子等由珠子上方將針扭曲為90度角。

2

7mm

彎曲處留下大約7mm後，使用斜口鉗剪斷。

3

以圓頭鉗子夾住針的前端，旋轉手腕將針尖彎折成圓圈。

4

如果使用的是9字針，要注意讓上下的圓圈方向平行，使用鉗子等調整圓圈方向。

O形環、C形環的裝設方式

1

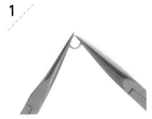

將O形環或C形環斷開處朝上，使用兩支平頭鉗子（又或其中一支是圓頭款也可以）夾起來。

2

從旁邊看的樣子

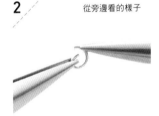

從上面看的樣子

以使其前後錯開的方式，將切口處打開。要閉合的時候也一樣往前後拉動。

NG

O形環和C形環若非前後方式，而是橫向打開，會破壞原先形狀導致環圈無法形狀復原，需留心。

牙籤活用法

要黏貼非常細小的金屬配件時，可以用牙籤沾少量的黏膠，塗抹在金屬配件上。

如果想黏貼整面布料或皮革的時候，可以用牙籤沾多一點黏膠，然後整體抹開來黏合。

黏合時，可以利用牙籤來將縫份收進裡面。

關於金屬配件的顏色

金色

和銀色一樣，是非常容易取得的金屬配件。如果不知道該用金色還是銀色的時候，可以根據作品的色調來選擇。

銀色

種類非常豐富，不管什麼作品都會很搭調的顏色。本書當中包含鍍漆加工的物品在內，都以顏色區分標示為銀色。

古銅色

在日文當中又叫作金古美，是一種宛如經歷歲月痕跡生繡般的色調。另外也被稱為「古銀」。

黑色

鍍漆成帶著黑色光澤的金屬配件。可以做出有成熟風格的作品。

調整拉鍊尺寸

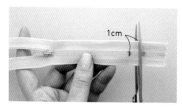

如果沒有符合預期長度的拉鍊，可以自己進行調整。將EFLON的長拉鍊在需要的長度處縫上半回針縫，或者用縫紉機車一道線，留下1cm然後以剪刀剪短。

非常方便的
立腳鈕釦工具組

使用別針或髮圈專用的立腳鈕釦工具組，就能夠更加輕鬆作出飾品。

錐子及針的使用方式

包包或杯墊等物品要翻回正面的時候，可以用錐子來拉角落，就能翻得比較漂亮。

要在作品上面穿洞給耳釘式耳針配件用時，可以用比較粗的針來打洞。用錐子的話，打出的洞可能會太大。

主要作品的製作方式

刺繡之後要完成一項作品的方法，會根據不同作品而有相異方式。
以下介紹本書當中經常出現的隨身包及別針等的基本製作方式。

※為使讀者能夠看得清晰，因此使用紅線來縫製。實際製作請使用與布料相近的顏色。

拉鍊隨身包

有拉鍊而底部沒有寬度的平面
隨身包。底部為圓滑半圓形的
隨身包基本上也是一樣。

8

四個角落的三角處留下2mm之後以剪刀
剪掉。這是為了不要讓縫份塞在該處，
使包包的角可以做的比較俐落。

4

內裡布
【背面】

另外再將1片內裡布與前片內面朝外對
齊，以珠針固定後，使用半回針縫合。
若能壓穩拉鍊，亦可使用縫紉機。

9

後片【背面】

為了要能漂亮地翻回正面，先用熨斗將
縫份往後面方向燙平。開口處的縫份則
往內裡布方向燙平。

5

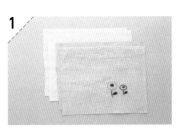

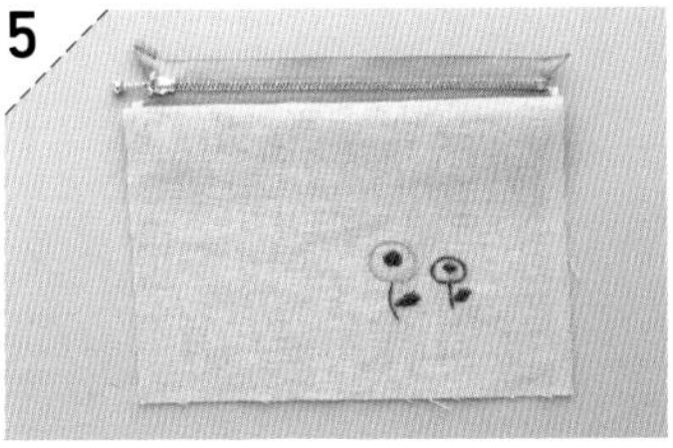

縫完之後的樣子。把拉鍊頭縫成三角
形，就不會跑到外面來礙手礙腳。

1

有刺繡的前片，把完成品尺寸加上1cm
的縫份之後裁剪布料。後片和2片內裡布
料也是一樣的尺寸。

10

從翻面用口將作品翻回正面。四個角落
使用錐子將布料拉平，調整為直角。

6

後片【正面】
前片【背面】
內裡布【正面】
內裡布【正面】

和前片一樣，將後片及拉鍊的內面朝外
貼合，並加上內面朝外的內裡布也都一
樣縫起來。

2

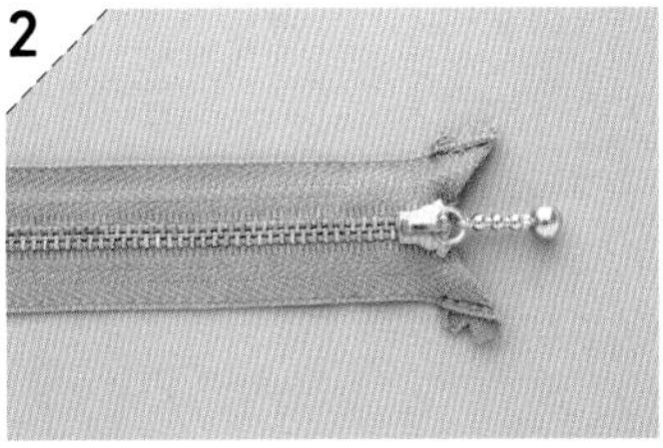

拉鍊最理想的長度是比完成尺寸的寬度
短1cm左右。兩邊摺成三角形縫好。

11

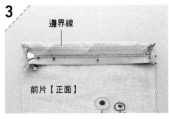

將翻面用口的縫份折進去，以藏針縫
（→參考P.67）收合。

7

翻面用口8cm
內裡布【背面】
前片【背面】

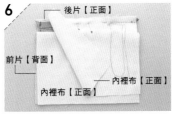

內裡布和內裡布、前片和後片貼合，調
整好位置，留下翻面用口並將周圍都縫
起來。手縫的話請使用半回針縫。

3

邊界線

前片【正面】

將拉鍊與前片的內面朝外對齊，以珠針
作好假固定。拉鍊頭拉到左邊。

8

將不織布的正面朝外，對齊步驟3材料的背面，周圍以垂直縫（➡參考P.67）固定。

4

要貼在背面的不織布，裁剪成比完成尺寸周圍小2mm的大小。

1

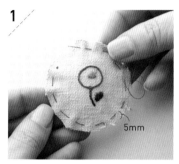

5mm

在布料上刺繡，周圍加上1cm的縫份後剪下來，在內側5mm處以2股線簡單縫上平針縫。

---

memo

不用縫就能做好髮圈或別針的方法

將黏膠塗抹在整面不織布背面上，用手指壓緊。然後用布料包著再使用洗衣夾把它夾起來固定就可以了。也很推薦使用皮革或合成皮來取代不織布。

縫收合線時的小秘訣

為了不要讓線鬆脫，結要打兩次，然後用較寬的針距縫一圈。最後在距離打結處1針的位置再多縫1針，就會比較好拉攏。

5

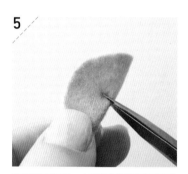

將不織布折起，中間剪個讓髮圈可以穿過去的洞。根據髮圈粗細不同而異，大約是8mm左右。

6

7

剪好洞之後將不織布穿進髮圈配件當中，以黏膠黏好。

2

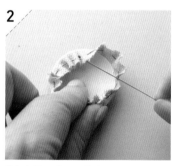

將包扣配件的凹面朝上，放在步驟1材料的背面，將線拉緊。

3

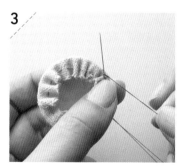

確實縫穩，為保不要鬆開，請回縫1針後打結固定。

耳針大多是比較小的作品，因此製作的時候也儘量弄得簡單些。進一步稍微地介紹完成作品的秘訣。

1

將刺繡完成的布料背面使用熨斗燙上布襯。布襯盡可能選擇薄一些的款式。

3 **2**

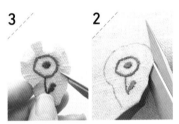

完成品尺寸加上5mm的縫份之後剪下布料。剪開周圍布料，要剪到貼近刺繡邊緣。

4

使用熨斗來燙平縫份。需要在步驟1當中先燙布襯，是為了防止布邊綻開。

6 **5**

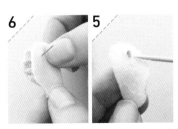

將不織布裁剪至和完成品相同尺寸，黏好耳釘式耳針用金屬配件以後，使用黏膠黏貼在步驟4作品的背面。

4

確實縫穩，為保不要鬆開，請回縫1針後打結固定。

5

要貼在背面的皮革，裁剪成比完成尺寸周圍小2mm的大小，將別針用金屬配件縫上去。

6

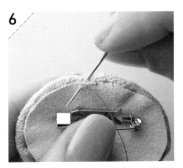

將皮革的正面朝外，對齊步驟4材料的背面，周圍以垂直縫（➡參考P.67）固定。或可依喜好只使用黏劑來完成固定（➡參考P.90）。

只用立腳鈕釦工具組（➡參考P.88）外側配件，背面則是用皮革來完成的正統作法。

1

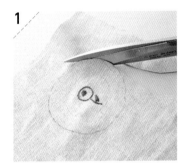

完成品尺寸加上1.5cm的縫份之後剪下布料。為了能使布料貼合立腳鈕扣的凸起部分，因此縫份需要留多一些。

2

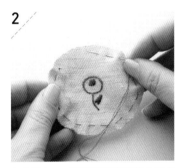

在內側5mm處以2股線簡單縫上平針縫。

3

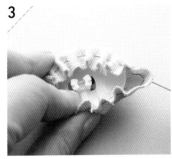

將立腳鈕扣的凹面朝上，放在步驟2材料的背面，將線拉緊。

※為使讀者能夠看得清晰，因此變更了用來綑綁流蘇的絲線顏色。實際製作請使用與流蘇本身相同的絲線。

流蘇

流蘇可以使用各式各樣的材質，包含蠶絲和麻線等。以下解說的是以繡線來製作的基本製作方式。

膨膨貼布片

以下介紹的是P.54～55那種圖案膨起來的貼布片作品的貼布片及刺繡製作方式。

5

開始纏繞

由步驟3的綑綁處將流蘇折成兩半，並在根部開始纏繞繡線。開頭纏繞的絲線要留一個圈圈在下面。

1

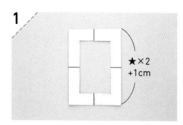

★×2
+1cm

裁一張厚紙片，外框長度為預定製作的流蘇長度（★）2倍再多加1cm。在厚紙片的長寬中心都做上記號。

1

將貼布片用的不織布以珠針假固定在底座用的不織布上，以垂直縫（➡參考P.67）做成貼布片的樣子。

6

繞完之後將線頭穿過步驟5留下的圈圈。

2

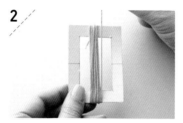

在紙框中心捲上需要的圈數。如果繞得太用力，會導致紙張彎曲，所以請不要過於用力。

2

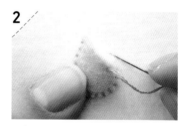

只留下大約1cm左右的開口用來塞棉花，用針將少量的手工藝用棉花慢慢塞進去，然後作完貼布片。

7

上下拉緊絲線，在緊貼繞完處將線剪斷。

3

在紙框中心的位置綁上另一條線。如果流蘇是要穿過O型環製作的作品，該線可以先穿過O型環打結。

3

在貼布片的布料上以繡線進行刺繡。

8

將流蘇修剪為需要的長度，修齊下端。

4

使用剪刀剪開上下兩端。如果有較小的剪刀就會很方便。

4

然後縫上串珠。

HOW TO MAKE

------------------- 作 品 的 製 作 方 式 -------------------

以下介紹各作品的製作方式
請遵守下列規則來製作吧！

・使用的繡線除了一部分另有指定以外，都是DMC株式會社的商品。
（ ）內的數字為顏色編號。
例：DMC 25號繡線　321（紅）
顏色編號 ←┘ └→ 顏色名稱

・由於串珠刺繡會根據絲線的拉線方式又或珠子的走向，而令珠子在數
量上有所增減，因此通常會將材料數量標示得稍微多一些。

・刺繡用的布料基本上都是以會使用繡框為前提，因此尺寸會標示得稍
微大一些。

・珠子除非有特別指定，否則都以串珠線縫上。

・串珠線請選擇能夠穿過串珠針號碼的款式。

Let's Start

[紅色·藍色] 三角形耳針

01
P.09

07
P.10

【製作方式】 製作方式以 **07** 為例解說

1 將圖案描繪在布料上進行刺繡，使用連續刺繡（→參考P.82）固定珠子。

2 在圖案周圍加上8mm的折份後剪下布料，裁掉三角部分。

3 翻到背面將折份塗上黏膠，由折線向內黏起固定。

4 背面用的不織布裁剪成比完成品尺寸小1mm，以錐子在中心打個洞後將耳針用金屬配件黏貼固定上去，再整個黏貼到步驟 **3** 的作品背後。

【材料】

01
DMC 25號繡線
　321（紅）、349（朱紅）、
　816（深紅）、3328（淺紅）———各適量
　古董珠（灰色3色）———合計約70顆

07
DMC 25號繡線
　161（藍）、225（粉紅）、842（淺棕）
　　　　　　　　　　———各適量
小圓珠（淺灰色）———約45個
大圓珠（淺灰色）———8個

共通
棉布（原色胚布）———15×15cm
不織布（米色）———10×5cm
耳針用金屬配件（耳釘式·金色）———1組
串珠線（白）———適量

SIZE　長2.2×寬2.7cm

使用工具

基本工具（P.72）／黏膠

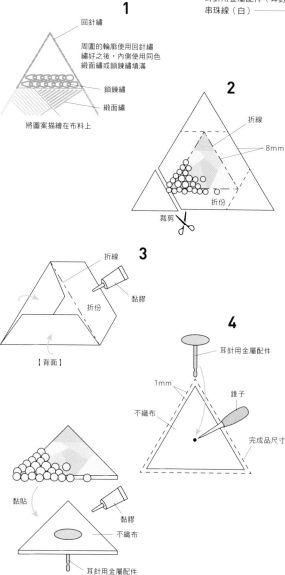

1
回針繡

周圍的輪廓使用回針繡
繡好之後，內側使用同色
緞面繡或鎖鍊繡填滿

鎖鍊繡
緞面繡

將圖案描繪在布料上

2
折線
8mm
折份
裁剪

3
折線
黏膠
折份
【背面】

4
耳針用金屬配件
1mm
不織布
錐子
完成品尺寸

黏貼
黏膠
不織布
耳針用金屬配件

POINT！ 在作品背後黏貼之後，請將刺繡部分以布料包起，然後用洗衣夾將作品夾起來固定，待其完全乾燥。

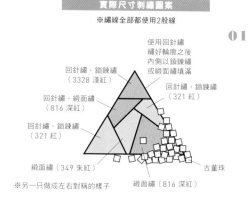

實際尺寸刺繡圖案
※繡線全部都使用2股線

01

使用回針繡
繡好輪廓之後
內側以鎖鍊繡
或緞面繡填滿

回針繡·鎖鍊繡（3328 淺紅）
回針繡·鎖鍊繡（321 紅）
回針繡·緞面繡（816 深紅）
回針繡·鎖鍊繡（321 紅）
古董珠
緞面繡（349 朱紅）
緞面繡（816 深紅）

※另一只做成左右對稱的樣子

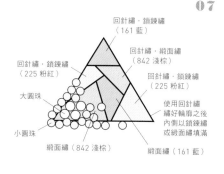

07

回針繡·鎖鍊繡（161 藍）
回針繡·緞面繡（842 淺棕）
回針繡·鎖鍊繡（225 粉紅）
回針繡·鎖鍊繡（225 粉紅）
大圓珠
使用回針繡
繡好輪廓之後
內側以鎖鍊繡
或緞面繡填滿
小圓珠
緞面繡（842 淺棕）
緞面繡（161 藍）

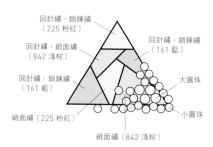

回針繡·鎖鍊繡（225 粉紅）
回針繡·緞面繡（842 淺棕）
回針繡·鎖鍊繡（161 藍）
回針繡·鎖鍊繡（161 藍）
大圓珠
小圓珠
緞面繡（225 粉紅）
緞面繡（842 淺棕）

作品頁面 ──➤ P.09

作品頁面 ──➤ P.09

倒立方形耳針

【製作方式】
1 將圖案描繪在布料上進行刺繡。
2 在圖案周圍加上8mm的折份後剪下布料，剪掉四角。
3 與P.94的步驟3～4相同，將作品製作成耳針。

【材料】
DMC 25號繡線
　153（紫）、158（深藍）、
　161（藍）、502（綠）────各適量
棉布（原色胚布）────15×15cm
不織布（米色）────10×5cm
耳針用金屬配件（耳釘式・金色）────1組

SIZE　長2×寬2cm

使用工具

基本工具（P.72）／黏膠

實際尺寸刺繡圖案
※繡線全部都使用2股線
※法國結粒繡繞3次
※另一只做成左右對稱的樣子

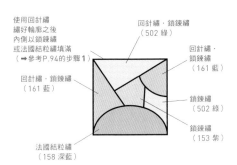

使用回針繡
繡好輪廓之後
內側以鎖鍊繡
或法國結粒繡填滿
（➡參考P.94的步驟1）

回針繡・鎖鍊繡
（502 綠）

回針繡・鎖鍊繡
（161 藍）

回針繡・鎖鍊繡
（161 藍）

鎖鍊繡
（502 綠）

鎖鍊繡
（153 紫）

法國結粒繡
（158 深藍）

1～2

8mm

折線

折份

將圖案周圍加上8mm的折份
並把四角剪掉

裁剪

8mm

作品頁面 ──➤ P.10

作品頁面 ──➤ P.10

[灰色・綠色] 菱形耳針

【製作方式】製作方式以06為例解說
1 將圖案描繪在布料上進行刺繡，以連續刺繡（➡參考P.82）固定珠子。
2 在圖案周圍加上8mm的折份後剪下布料，剪掉四角。
3 與P.94的步驟3～4相同，將作品製作成耳針。

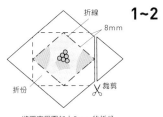

1～2

折線
8mm
折份
裁剪

將圖案周圍加上8mm的折份
並把四角剪掉

【材料】
05
DMC 25號繡線
　762（灰）、3770（淺粉紅）、3866（米色）
　────各適量
大圓珠（銀色）────12個
06
DMC 25號繡線
　161（藍）、502（綠）、842（淺棕）
　────各適量
大圓珠（金色）────12個
共通
棉布（原色胚布）────15×15cm
不織布（米色）────10×5cm
耳針用金屬配件（耳釘式・金色）────1組
串珠線（白）────適量

SIZE　長2.5×寬3cm

使用工具

基本工具（P.72）／黏膠

實際尺寸刺繡圖案
※繡線全部都使用2股線
※另一只做成左右對稱的樣子

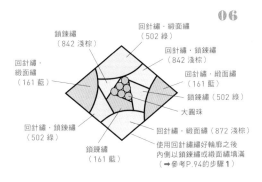

06
鎖鍊繡（842 淺棕）
回針繡・緞面繡（502 綠）
回針繡・鎖鍊繡（842 淺棕）
回針繡・緞面繡（161 藍）
回針繡・緞面繡（161 藍）
鎖鍊繡（502 綠）
大圓珠
回針繡・緞面繡（872 淺棕）
回針繡・鎖鍊繡（502 綠）
鎖鍊繡（161 藍）
使用回針繡繡好輪廓之後
內側以鎖鍊繡或緞面繡填滿
（➡參考P.94的步驟1）

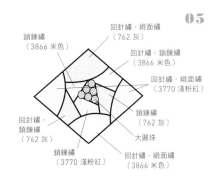

05
鎖鍊繡（3866 米色）
回針繡・緞面繡（762 灰）
回針繡・鎖鍊繡（3866 米色）
回針繡・緞面繡（3770 淺粉紅）
鎖鍊繡（762 灰）
回針繡・鎖鍊繡（762 灰）
大圓珠
鎖鍊繡（3770 淺粉紅）
回針繡・緞面繡（3866 米色）

【製作方式】

1 將圖案描繪在布料上進行刺繡，在圖案周圍加上1.2cm的折份後剪下布料。

2 用步驟 1 繡好的布料包裹住上鈕扣，再將拆下來的下鈕扣押進上鈕扣裡。

3 剪好不織布，黏貼在鈕扣裡面，直到將高度填滿上鈕扣。

4 與P.94的步驟 4 相同，在不織布上黏貼耳針用金屬配件，並黏貼在步驟 3 製作完成的鈕扣後方。

【材 料】

DM25號繡線

153（紫）、3821（黃）、ECRU（米色）

各適量

棉布（原色胚布）—————— 15×15cm

不織布（米色）—————— 10×5cm

耳針用金屬配件（耳釘式・金色）——1組

立腳鈕扣工具組（直徑2cm）—————2組

03

SIZE 直徑2cm

使用工具

基本工具（P.72）／黏膠／平頭鉗子

POINT!

・立腳鈕扣組的鈕扣腳如果無法使用平頭鉗子取下，那就用斜口鉗直接剪斷。

・不同工具組當中，有些會附有可以用來壓緊下鈕扣和布料的敲擊工具，可以善加利用。

3

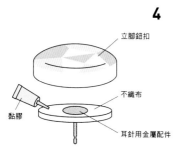

←—— 約1.8cm ——→
（配合立腳鈕扣的內徑）

不織布

黏膠

下鈕扣

上鈕扣

將不織布填滿到此高度

1

1.2cm

約4.5cm

折份

裁剪

4

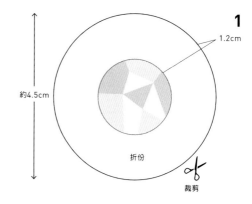

立腳鈕扣

不織布

黏膠

耳針用金屬配件

2

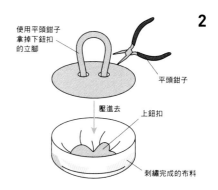

使用平頭鉗子拿掉下鈕扣的立腳

平頭鉗子

壓進去

上鈕扣

刺繡完成的布料

實際尺寸刺繡圖案

※繡線全部都使用4股線
※另一只也以相同方式完成

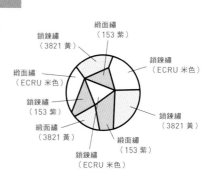

緞面繡（ECRU 米色）
鎖鍊繡（3821 黃）
鎖鍊繡（153 紫）
緞面繡（153 紫）
鎖鍊繡（ECRU 米色）
鎖鍊繡（3821 黃）
緞面繡（3821 黃）
緞面繡（ECRU 抹色）
鎖鍊繡（153 紫）

緞面繡（153 紫）
鎖鍊繡（3821 黃）
鎖鍊繡（ECRU 米色）
緞面繡（ECRU 米色）
鎖鍊繡（153 紫）
鎖鍊繡（3821 黃）
緞面繡（3821 黃）
緞面繡（153 紫）
鎖鍊繡（ECRU 米色）

[條紋・隨機刺繡] 蝴蝶結別針

08 P.10

09 P.11

【製作方式】 製作方式以 **09** 為例解說

1 將圖案描繪在布料上進行刺繡，在圖案周圍加上3mm的縫份後剪下布料。

2 將不織布剪成與步驟 **1** 作品相同尺寸，並在背後以繡線縫上別針用金屬配件。另外剪3片不織布，尺寸比完成品小3mm，用雙面膠貼合在前述不織布正面。將步驟 **1** 的作品與縫了別針的不織布正面朝外疊在一起。

3 周圍以2股線的毛邊繡（➡參考P.67）縫合在一起。

【材 料】

08
毛線（小卷Cafe demi 灰、藍、波爾多）
—————————————————— 各適量

09
毛線
（小卷Cafe demi 深粉紅、粉紅、灰、藍綠、紫）
—————————————————— 各適量

共通
DMC 25號繡線
415（灰）————————————— 適量
不織布（灰）————————— 20×15cm
別針用金屬配件（3cm・銀色）———— 1個

SIZE 長4×寬5.5cm

使用工具

基本工具（P.72）／雙面膠

3

毛邊繡（415 灰）
2股線

縫上別針的
不織布

1

縫份3mm

裁剪

實際尺寸刺繡圖案
※繡線全部都使用單股線
※法國結粒繡繞3次

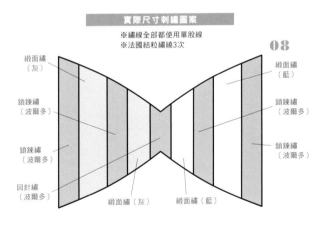

緞面繡
（灰）

緞面繡
（藍）

鎖鍊繡
（波爾多）

鎖鍊繡
（波爾多）

鎖鍊繡
（波爾多）

鎖鍊繡
（波爾多）

回針繡
（波爾多）

緞面繡（灰）　緞面繡（藍）

08

緞面繡（粉紅）
緞面繡（紫）
緞面繡（粉紅）
法國結粒繡（紫）

法國結粒繡
（藍綠）

緞面繡（灰）

緞面繡
（深粉紅）

緞面繡（藍綠）

緞面繡
（紫）

法國結粒繡
（深粉紅）

緞面繡（灰）　緞面繡（藍綠）

緞面繡（深粉紅）

09

2

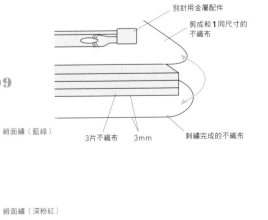

別針用金屬配件

剪成和 **1** 同尺寸的
不織布

3片不織布　3mm

刺繡完成的不織布

作品頁面 ——→ P.10

三角簡易耳針

04

【製作方式】
1 將圖案描繪在布料上進行刺繡。
2 與P.94的步驟 2～4 相同，將作品製作成耳針。

【材料】
DMC 25號繡線
　3866（米色）————————適量
棉布（原色胚布）————10×5cm
不織布（米色）————10×15cm
耳針用金屬配件（耳釘式・金色）————1組

SIZE　長2.2×寬2.7cm

使用工具

基本工具（P.72）／黏膠

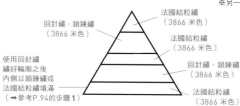

實際尺寸刺繡圖案

回針繡・鎖鍊繡
（3866 米色）

法國結粒繡
（3866 米色）

法國結粒繡
（3866 米色）

回針繡・鎖鍊繡
（3866 米色）

使用回針繡
繡好輪廓之後
內側以鎖鍊繡或
法國結粒繡填滿
（➡參考P.94的步驟1）

法國結粒繡
（3866 米色）

※繡線全部都使用2股線
※法國結粒繡繞3次
※另一只也以相同方式完成

作品頁面 ——→ P.11

山嶺別針

10

【製作方式】
1 將圖案描繪在布料上進行刺繡，依照圖片在周圍加上折份之後裁剪布料。
2 剪3片不織布，尺寸和完成品一樣大，使用雙面膠黏貼在步驟1作品的背面，將折份向後捲，把不織布包起來。
3 將合成皮裁剪成與完成品一樣大的尺寸，使用繡線（712米色）將別針用金屬配件縫上去。把刺繡完成的布料與合成皮的正面朝外，以雙面膠貼合。周圍使用手縫線以捲針縫（➡參考P.67）收邊。

【材料】
DMC 25號繡線
　349（紅）、712（米色）、803（藍）、
　904（綠）、 3821（黃）、3865（白）
　　　　　　　　　　　　　————各適量
較厚的麻布（米色）————15×15cm
不織布（米色）————15×5cm
合成皮（古典金）————10×5cm
別針用金屬配件（3cm・銀色）————1個
手縫線（60號・米色）————適量

SIZE　長4×寬7.5cm

使用道具

基本工具（P.72）／雙面膠

2

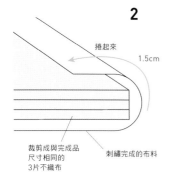

捲起來
1.5cm

裁剪成與完成品
尺寸相同的
3片不織布

刺繡完成的布料

1

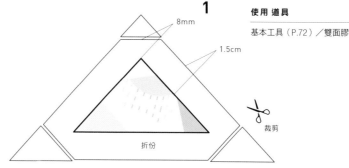

8mm

1.5cm

裁剪

折份

3

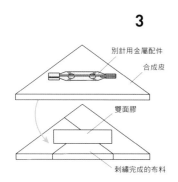

別針用金屬配件

合成皮

雙面膠

刺繡完成的布料

實際尺寸刺繡圖案
※繡線除非特別指定，否則都使用2股線
※法國結粒繡繞2次

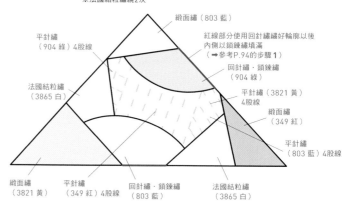

平針繡
（904 綠）4股線

緞面繡（803 藍）

紅線部分使用回針繡繡好輪廓以後
內側以鎖鍊繡填滿
（➡參考P.94的步驟1）

回針繡・鎖鍊繡
（904 綠）

平針繡（3821 黃）
4股線

緞面繡
（349 紅）

平針繡
（803 藍）4股線

法國結粒繡
（3865 白）

緞面繡
（3821 黃）

平針繡
（349 紅）4股線

回針繡・鎖鍊繡
（803 藍）

法國結粒繡
（3865 白）

流蘇2WAY耳針

【 製作方式 】 製作方式以 **11** 為例解說

1　將圖案描繪在布料上進行刺繡。在圖案周圍加上8mm的縫份後剪下布料，周圍使用串珠線縫上較寬的平針縫。

2　將線收緊，調整圓形並以放射狀縫上固定。打結後剪斷線頭。

3　依照P.94的步驟 **4** 相同方式，將耳針用配件黏在不織布上，並貼在步驟 **2** 作品的背後。

4　以厚紙板作成底紙纏繞麻線，綁上O形環於中心打結，做成長6cm的流蘇（➡參考P.92）。

5　將流蘇的O形環固定在耳針的固定鉤上。

【 材 料 】

11
DMC 25號繡線
　814（波爾多）、823（深藍）──────各適量
古董珠（古銅）────────────26個
特小珠（銀色）────────────26個
麻線（暗藍色）────────────20m

12
DMC 25號繡線
　453（灰色）、642（卡其色）──────各適量
古董珠（水色）────────────22個
特小珠（白）─────────────20個
麻線（芥子色）────────────20m

共通
棉布（原色胚布）──────────15×15cm
不織布（米色）────────────15×5cm
O形環（5mm・金色）────────────2個
耳針用金屬配件（耳釘式・金色）──────1組
串珠線（白）─────────────適量
厚紙板──────────────13×6cm

SIZE　長7.5×寬2cm

使用工具

基本工具（P.72）／黏膠／平頭鉗子

5

耳針固定鉤
O形環
流蘇

4

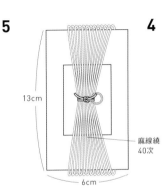

13cm
6cm
麻線繞40次

1

於3mm內側縫針距較寬的平針縫。
8mm
裁剪

2

收緊線後以放射狀縫好固定。

3

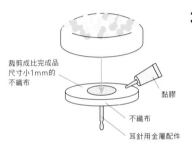

裁剪成比完成品尺寸小1mm的不織布
黏膠
不織布
耳針用金屬配件

實際尺寸刺繡圖案

※繡線全部都使用4股線
※法國結粒繡繞2次
※另一只也以相同方式完成

11

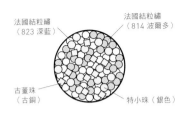

法國結粒繡（823 深藍）
法國結粒繡（814 波爾多）
古董珠（古銅）
特小珠（銀色）

12

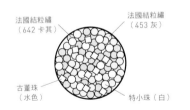

法國結粒繡（642 卡其）
法國結粒繡（453 灰）
古董珠（水色）
特小珠（白）

［flower × stick・forest × triangle・直線繡 wberry × circle］ 耳針

【製作方式】 製作方式以 **13** 為例解說

1 將圖案描繪在不織布上進行刺繡。
2 在圖案周圍加上1mm後裁剪不織布，使用繡線將金屬配件縫上去。
3 將合成皮裁剪成與步驟**2**的作品相同尺寸，並以錐子在中心打個洞，黏貼好耳針用金屬配件。
4 將合成皮與步驟**2**的作品黏貼在一起。

POINT!

在作品背後黏貼合成皮之後，請將刺繡部分以布料包起，然後用洗衣夾將作品夾起來固定，待其完全乾燥。

【材料】

13
DMC 25號繡線
　964（水色）、3706（粉紅色）、
　3770（淺粉紅）────────── 各適量
金屬配件（棍狀・2.3×0.2cm・金色）──2個
14
DMC 25號繡線
　501（深綠）、518（靛藍）、747（水色）、
　3812（綠）、798（藍）────── 各適量
金屬配件（三角框・2×2.3cm・金色）── 2個
15
DMC 25號繡線
　745（黃）、761（淺粉紅）、891（深粉紅）、
　893（粉紅）、3705（珊瑚粉紅）
　金屬配件（圓形・直徑1.1cm・金色）── 2個
共通
耳針用金屬配件（耳釘式・銀色）──────1組
不織布（米黃色）──────────10×15cm
合成皮（米黃色）──────────10×5cm

13

SIZE　長4×寬2cm

14

SIZE　長3.8×寬2.3cm

15

SIZE　長3×寬2cm

使用工具

基本工具（P.72）／黏膠

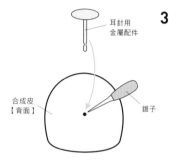

3

耳針用金屬配件
合成皮【背面】
錐子

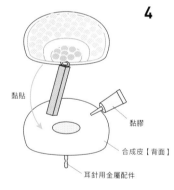

4

黏貼
黏膠
合成皮【背面】
耳針用金屬配件

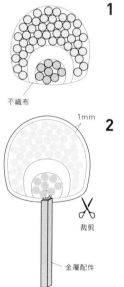

1

不織布

2

1mm
裁剪
金屬配件

實際尺寸刺繡圖案

※繡線全部都使用3股線
※法國結粒繡繞2次
※另一只也以相同方式完成

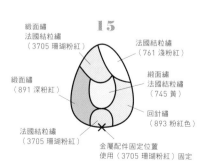

15

緞面繡
法國結粒繡
（3705 珊瑚粉紅）
法國結粒繡
（761 淺粉紅）
緞面繡
（891 深粉紅）
緞面繡
法國結粒繡
（745 黃）
回針繡
（893 粉紅色）
法國結粒繡
（3705 珊瑚粉紅）
金屬配件固定位置
使用（3705 珊瑚粉紅）固定

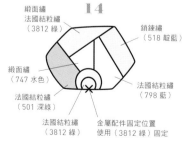

14

緞面繡
法國結粒繡
（3812 綠）
鎖鍊繡
（518 靛藍）
緞面繡
（747 水色）
法國結粒繡
（501 深綠）
法國結粒繡
（798 藍）
法國結粒繡
（3812 綠）
金屬配件固定位置
使用（3812 綠）固定

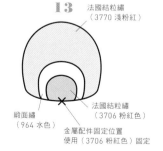

13

法國結粒繡
（3770 淺粉紅）
緞面繡
（964 水色）
法國結粒繡
（3706 粉紅色）
金屬配件固定位置
使用（3706 粉紅色）固定

【製作方式】 製作方式以 16 為例解說

1 將圖案描繪在布料上，使用繡線以緞面繡進行刺繡。

2 將管珠與捷克珠（17使用珍珠仿珠）以串珠線固定，在內側三角部分以連續刺繡（➡參考P.82）固定特小珠填滿整面。

3 背面貼上較厚的布襯，周圍沿著珠子邊緣裁剪。為了不使邊緣散開，要塗上一層黏膠。

4 背面黏上金屬配件。

5 將不織布裁剪成比完成品尺寸稍大一些，對準上緣後黏貼在步驟 4 作品的背面，等到完全乾燥後再將剩下的兩邊配合完成品尺寸裁剪完成。

6 接上鍊條、問號勾及平板鍊頭。

POINT!

防止邊緣散開的黏膠，使用乾燥後會變透明的款式。

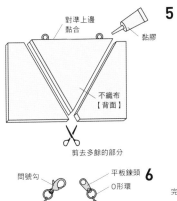

【 材 料 】

16

DMC 25號繡線
　　310（黑）、355（紅）、645（灰）、
　　823（深藍）、3031（棕）—— 各適量
特小珠（藍、古銅）———————— 各23個
特小珠（紅）———————————— 18個
捷克珠（3mm・黑）——————————— 3個
管珠（3cm・黑）———————————— 3個
緞布（黑）———————————— 15×15cm
不織布（黑）——————————— 5×5cm
鍊條（古銅）———————————— 20cm×2條
O形環（3mm・古銅）————————— 4個
問號勾、平板鍊頭（古銅）———— 各1個

17

DMC 25號繡線
　　613（淺米黃）、822（米色）、
　　762（淺灰）、BLANC（白）—— 各適量
特小珠（透明）——————————— 34個
特小珠（銀、白金）———————— 各18個
珍珠仿珠（3mm・白）——————— 3個
管珠（3cm・銀）———————————— 3個
緞布（白）———————————— 15×15cm
不織布（白）——————————— 5×5cm
鍊條（金色）———————————— 20cm×2條
O形環（3mm・金色）————————— 4個
問號勾、平板鍊頭（金色）———— 各1個

共通

較厚的布襯 ——————————— 10×10cm
金屬配件（圓板鍊頭・4mm・金色）—— 2個
串珠線（白）———————————— 適量

SIZE　圖樣　長3.2×寬3.6cm

使用工具

基本工具（P.72）／黏膠／平頭鉗子

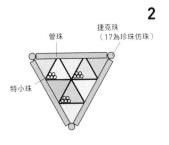

5

對準上邊黏合

黏膠

不織布【背面】

剪去多餘的部分

6

問號勾

平板鍊頭

O形環

鍊條

O形環

3

裁剪成稍大尺寸的較厚布襯

刺繡完成的布料

緞布【背面】

完成品尺寸邊緣

沿著珠子邊緣裁剪

1

緞面繡

緞布

由內側的三角形繡起

將圖案描繪到布料上

4

黏膠

金屬配件

較厚的布襯

2

管珠

捷克珠
（17為珍珠仿珠）

特小珠

實際尺寸刺繡圖案

※繡線全部都使用2股線

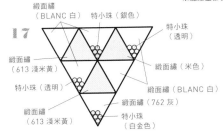

17

緞面繡（BLANC 白）　特小珠（銀色）

特小珠（透明）

緞面繡（613 淺米黃）

緞面繡（米色）

特小珠（透明）

緞面繡（BLANC 白）

緞面繡（762 灰）

特小珠（白金色）

緞面繡（613 淺米黃）

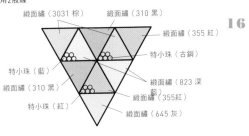

16

緞面繡（3031 棕）　緞面繡（310 黑）

緞面繡（355 紅）

特小珠（古銅）

特小珠（藍）

緞面繡（823 深藍）

緞面繡（310 黑）

緞面繡（355紅）

特小珠（紅）

緞面繡（645 灰）

方形幾何圖案耳針

【製作方式】製作方式以 18 為例解說

1 將圖案描繪在緞布上，以手縫線將捷克棗珠（19使用珍珠仿珠）縫在下端，並將管珠縫在左右兩邊。上端則縫上小圓珠。

2 內側縫上管珠，剩下的四角以緞面繡填滿，並以連續刺繡（➡參考P.82）縫上特小珠。

3 背面貼上較厚的布襯，緊貼著邊緣裁剪。為了避免邊緣散開，塗上黏膠。

4 將不織布裁剪成與步驟 3 作品相同尺寸，使用錐子在中心打個洞，黏貼耳針用金屬配件。

5 將步驟 3 的作品與步驟 4 的材料貼合。

【材料】

18
DMC 25號繡線
　310（黑）、729（棕）————各適量
特小珠（金屬黑、金色）————各約40個
小圓珠（黑）————約20個
管珠（6mm・黑、藍、古銅）————各8個
捷克棗珠（3mm・黑）————10個
緞布（黑）、不織布（黑）————各10×15cm

19
DMC 25號繡線
　3865（米色）————適量
特小珠（銀色）————約80個
小圓珠（銀色）————約20個
管珠（6mm・白）————16個
管珠（6mm・銀色）————8個
珍珠仿珠（3mm・白）————10個
緞布（白）、不織布（白）————各10×15cm

共通
較厚的布襯————10×15cm
耳針用金屬配件（耳釘式・銀色）————1組
手縫線（60號・黑、白）————各適量

18

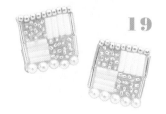

19

SIZE　長2.6×寬2.6cm

使用工具

基本工具（P.72）／黏膠

2

特小珠（金屬黑）
管珠（古銅）
緞面繡
緞面繡
管珠（藍）
特小珠（金色）

1

小圓珠（黑）
管珠（黑）
緞布【背面】
捷克棗珠（黑）（19使用珍珠仿珠）

3

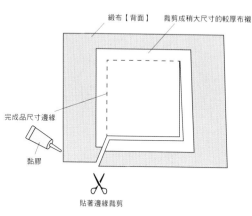

緞布【背面】
裁剪成稍大尺寸的較厚布襯
完成品尺寸邊緣
黏膠
✂
貼著邊緣裁剪

實際尺寸刺繡圖案

※繡線全部都使用2股線
※另一只也以相同方式完成

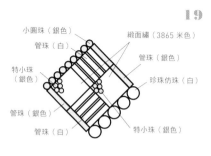

18

小圓珠（黑）
管珠（古銅）
特小珠（金屬黑）
管珠（黑）
緞面繡（310 黑）
管珠（藍）
緞面繡（729 棕）
管珠（黑）
捷克棗珠（黑）
特小珠（金色）

19

小圓珠（銀色）
管珠（白）
特小珠（銀色）
管珠（銀色）
管珠（白）
緞面繡（3865 米色）
管珠（銀色）
珍珠仿珠（白）
特小珠（銀色）

5

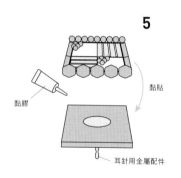

黏膠
黏貼
耳針用金屬配件

4

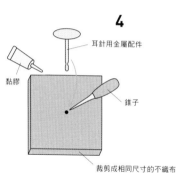

耳針用金屬配件
黏膠
錐子
裁剪成相同尺寸的不織布

【製作方式】

1 在麻布上描繪完成品尺寸（13.5×13.5cm）的線條，然後重複畫上5mm寬×4、10mm寬×1的線條。
2 在線上與線條之間刺繡。
3 將周圍以3折縫收邊。

【材料】

DMC 25號繡線
　154（紫）、367（綠）、645（灰）、
　742（黃）、801（焦茶）、918（棕）、
　930（藍）、E3852（金）────── 各適量
麻布（米色）────────── 20×20cm

SIZE 長14.5×寬14.5cm

使用工具

基本工具（P.72）

實際尺寸刺繡圖案　　※繡線除非特別指定，否則都使用3股線　　※法國結粒繡繞2次

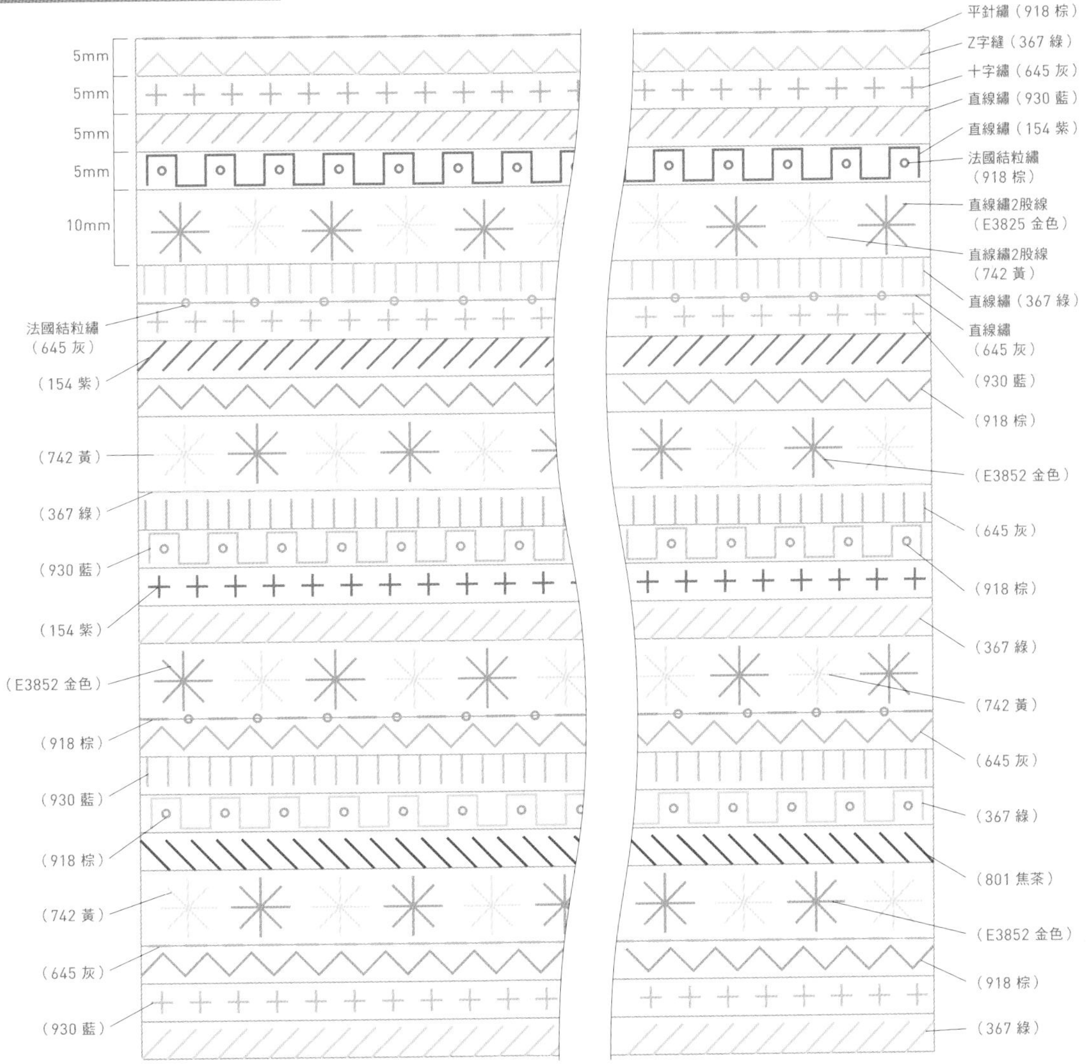

平針繡（918 棕）
Z字縫（367 綠）
十字繡（645 灰）
直線繡（930 藍）
直線繡（154 紫）
法國結粒繡（918 棕）
直線繡2股線（E3825 金色）
直線繡2股線（742 黃）
直線繡（367 綠）
直線繡（645 灰）
（930 藍）
（918 棕）
（E3852 金色）
（645 灰）
（918 棕）
（367 綠）
（742 黃）
（645 灰）
（367 綠）
（801 焦茶）
（E3852 金色）
（918 棕）
（367 綠）

5mm
5mm
5mm
5mm
10mm

法國結粒繡（645 灰）
（154 紫）
（742 黃）
（367 綠）
（930 藍）
（154 紫）
（E3852 金色）
（918 棕）
（930 藍）
（918 棕）
（742 黃）
（645 灰）
（930 藍）

Z形繡的刺繡方式

5出　4入　1出
6入　3出　2入

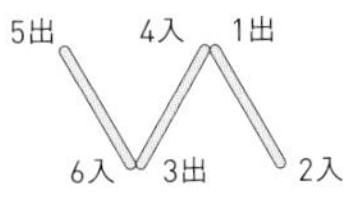

直線繡的刺繡方式

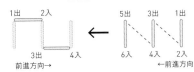

1出　2入
3入　4入
前進方向→

5出　3出　1出
6入　4入　2入
←前進方向

星星耳針

【製作方式】

1 將星形釘扣以黏膠黏貼在不織布上，以手縫線在周圍依照4顆、3顆的順序縫上小圓珠。第2圈一樣縫上小圓珠，並在頂點處縫上大圓珠。
2 在圖案周圍加上2mm後剪下布料。
3 將不織布剪成與步驟2的作品相同尺寸，並使用錐子打洞之後黏貼耳針用金屬配件。
4 將不織布與步驟2的作品貼合。
5 將線頭打好的結藏在兩片不織布之間，使用2股繡線將周圍以捲針縫（➡參考P.67）收邊。
6 縫完打結後將結藏在兩片不織布之間。

【材料】

DMC 25號繡線
310（黑）────────適量
小圓珠（淺綠）────70個
小圓珠（金色）────70個
大圓珠（銀色）────10個
星形釘扣（1×1.2cm・棕色）──2個
不織布（黑）────15×15cm
耳針用金屬配件（耳釘式・銀色）──1組
手縫線（60號・黑）────適量

SIZE 長1.7×寬1.7cm

使用工具

基本工具（P.72）／黏膠

6

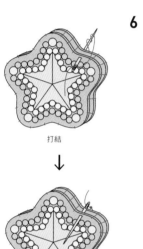

打結

↓

將結往中間拉

剪掉多餘的線頭

3

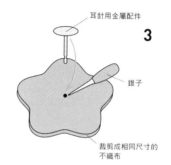

耳針用金屬配件

錐子

裁剪成相同尺寸的不織布

1

4個
3個
手縫線
星形釘扣

依照4個、3個的順序縫上珠子

4

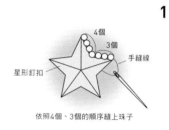

黏膠

耳針用金屬配件

2

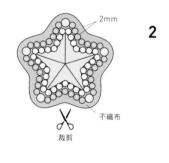

2mm

不織布

裁剪

5

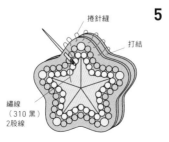

捲針縫

打結

繡線
（310 黑）
2股線

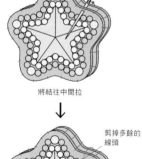

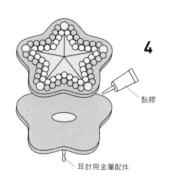

實際尺寸刺繡圖案

※另一只也以相同方式完成

大圓珠（銀色）
小圓珠（金色）
小圓珠（淺綠）
星形釘扣

作品頁面 ──► P.16

圓圈耳針

【製作方式】

1 將半球形珍珠仿珠以黏膠黏貼在不織布上，以
手縫線將小圓珠、大圓珠沿著周圍做圓形刺繡
（→參考P.83）固定。將圖案周圍加上2mm後
剪下不織布。

2 與P.104的步驟 **3**、**4** 相同，將黏好耳針用金屬
配件的不織布與步驟 **1** 的作品貼合。

3 與P.104的步驟 **5**、**6** 相同，使用2股線的繡線
將周圍以捲針縫（→參考P.67）收邊。

【材料】

DMC 25號繡線
823（深藍）──────────適量
小圓珠（古銀）──────────36個
小圓珠（淺綠）──────────50個
大圓珠（深藍）──────────約50個
半球形珍珠仿珠（8mm・白）────2個
不織布（深藍）──────────15×15cm
耳針用金屬配件（耳釘式・銀色）──1組
手縫線（60號・黑）──────────適量

SIZE 直徑2cm

使用工具

基本工具（P.72）／黏膠

實際尺寸刺繡圖案

※另一只也以相同方式完成

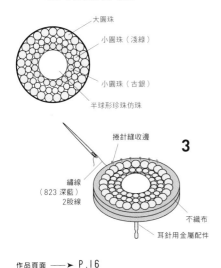

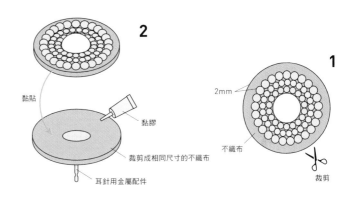

作品頁面 ──► P.16

綠松石耳針

【製作方式】

1 將捷克珠以黏膠黏貼在不織布上，以手縫線將
小圓珠（古銀）沿著周圍做圓形刺繡（→參考
P.83）固定。並將小圓珠（淺綠）以連續刺繡
（→參考P.82）固定後，將管珠以放射狀固定
成扇形。在圖案周圍加上2mm後剪下不織布。

2 與P.104的步驟 **3**、**4** 相同，將黏好耳針用金屬
配件的不織布與步驟 **1** 的作品貼合。

3 與P.104的步驟 **5**、**6** 相同，使用2股線的繡線
將周圍以捲針縫收邊（→參考P.67）。

【材料】

DMC 25號繡線
823（深藍）──────────適量
小圓珠（古銀）──────────26個
小圓珠（淺綠）──────────20個
管珠（6mm・紺）──────────22個
捷克珠（方形・4mm・綠松石）───2個
不織布（深藍）──────────10×10cm
耳針用金屬配件（耳釘式・銀色）──1組
手縫線（60號・黑）──────────適量

SIZE 長2×寬2.7cm

使用道具

基本工具（P.72）／黏膠

實際尺寸刺繡圖案

※另一只也以相同方式完成

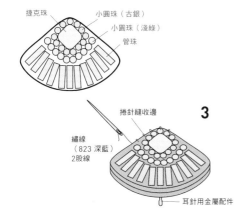

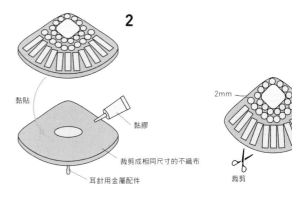

［黑色・白色］方形耳針

【製作方式】 製作方式以 **25** 為例解說

1 將捷克珠以黏膠黏貼在不織布上，以手縫線將管珠縫在周圍。並在周圍以連續刺繡（➡參考P.82）固定大圓珠及小圓珠。在圖案周圍加上1mm後剪下不織布。

2 將不織布裁剪成與作品 **1** 相同尺寸，以錐子打洞後黏貼耳針用金屬配件。

3 以厚紙板作成底紙纏繞繡線，於中間打死結固定，製作長3cm的流蘇（➡參考P.92）。

4 在步驟 **1** 及 **2** 的材料之間夾入流蘇，將兩片不織布貼合。

5 以牙籤整理好流蘇，剪齊下端。**24** 與P.104的步驟 **5**、**6** 相同，使用2股線的繡線將周圍以捲針縫（➡參考P.67）收邊。

【材料】

24
DMC 25號繡線
783（芥子色）	3.5m
小圓珠（黑）	68個
大圓珠（焦茶色）	34個
管珠（6mm・古銅）	8個
捷克珠（6mm・黑）	2個
不織布（黑）	10×10cm
手縫線（60號・白）	適量

25
DMC 25號繡線
762（灰）	3.5m
小圓珠（白）	68個
大圓珠（銀）	34個
管珠（6mm・銀色）	8個
捷克珠（6mm・灰）	2個
不織布（白）	10×10cm
手縫線（60號・黑）	適量

共通
耳針用金屬配件（耳釘式・銀）	1組
厚紙板	7×4cm

24

SIZE 長4×寬2.5cm

25

SIZE 長4×寬2.4cm

使用工具

基本工具（P.72）／黏膠／牙籤

實際尺寸刺繡圖案
※另一只也以相同方式完成

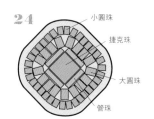

24
小圓珠
捷克珠
大圓珠
管珠

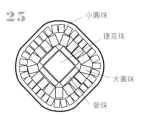

25
小圓珠
捷克珠
大圓珠
管珠

4

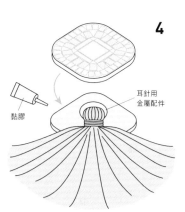

耳針用金屬配件

黏膠

5

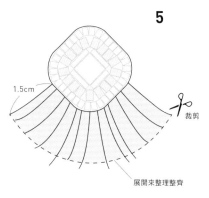

1.5cm

裁剪

展開來整理整齊

2

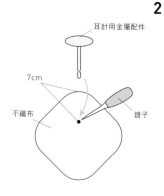

耳針用金屬配件

7cm

不織布

錐子

3

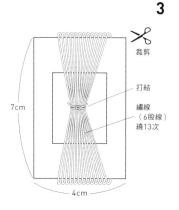

裁剪

打結

7cm

繡線（6股線）繞13次

4cm

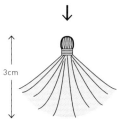

3cm

1

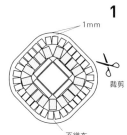

1mm

裁剪

不織布

作品頁面 ── ▶ P.16

作品頁面 ── ▶ P.16

羽毛絨布耳夾

【製作方式】

1 將捷克珠以黏膠黏貼在不織布上，並且用手縫線加以固定。周圍使用圓形刺繡（➡參考P.83）固定小圓珠。玻璃珠、珍珠仿珠則使用連續刺繡（➡參考P.82）固定，在圖案周圍加上1mm後剪下不織布。

2 將不織布裁剪成與步驟1作品相同尺寸後，以美工刀切開一個和耳夾用金屬配件寬度相同的開口。

3 將羽毛絨布剪下3cm，使用黏膠黏貼在刺繡完成的不織布背面下半部。黏貼好耳夾用金屬配件。

4 將耳夾用金屬配件穿過步驟2中已經切開來的不織布之後，與步驟3的作品貼合。

5 與P.104的步驟5、6相同，使用2股線的繡線將周圍以捲針縫（➡參考P.67）收邊。

【材料】

DMC 25號繡線

310（黑）	適量
小圓珠（古銀）	34個
玻璃珠（3mm・灰）	24個
玻璃珠（4mm・灰）	16個
捷克珠（6mm・蛋白石）	2個
珍珠仿珠（3mm・白）	2個
不織布（黑）	10×10cm
羽毛絨布（寬3cm・灰）	8cm
耳夾用金屬配件（彈簧夾式・銀）	1組
手縫線（60號・黑）	適量

SIZE 長5×寬5cm

使用工具

基本工具（P.72）／黏膠／美工刀

實際尺寸刺繡圖案

※另一只也以相同方式完成

小圓珠
捷克珠
玻璃珠（3mm）
玻璃珠（4mm）
珍珠仿珠

4
黏膠
將耳夾用金屬配件穿過割開的洞口

5
繡線（310黑）2股線
捲針縫收邊

3
耳夾用金屬配件
刺繡完成的不織布【背面】
黏膠
羽毛絨布

1
不織布
裁剪

2
美工刀
割開洞口
耳夾用金屬配件的寬度
不織布
5mm

POINT！

剪斷羽毛絨布之後，務必要清除那些非常容易掉落的羽毛。

作品頁面 ── ▶ P.17

作品頁面 ── ▶ P.17

貼鑽單品耳針

【製作方式】

1 將金屬配件使用黏膠黏貼在不織布上，以手縫線將管珠和人工鑽固定上去。周圍再以連續刺繡（➡參考P.82）固定特小珠，周圍加上2mm後裁剪不織布。

2 與P.104的步驟3、4相同，將黏好耳針用金屬配件的不織布與步驟1的作品貼合。

3 與P.104的步驟5、6相同，使用2股線的繡線將周圍以捲針縫（➡參考P.67）收邊。

【材料】

DMC 25號繡線

310（黑）	適量
特小珠（古銀）	約80個
管珠（3mm・金）	24個
人工鑽（4mm・水晶）	8個
金屬配件（5mm・棕）	2個
不織布（黑）	10×10cm
耳針用金屬配件（耳釘式・銀）	1組
手縫線（60號・黑）	適量

SIZE 長2.7×寬2.7cm

使用道具

基本工具（P.72）／黏膠

實際尺寸刺繡圖案

※另一只也以相同方式完成

特小珠
人工鑽
管珠
金屬配件

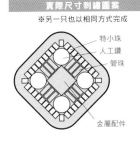

3
不織布
捲針縫收邊
耳針用金屬配件
繡線（310黑）2股線

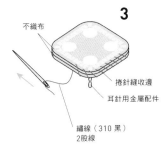

2
黏貼
黏膠
裁剪成與1相同尺寸的不織布
耳針用金屬配件

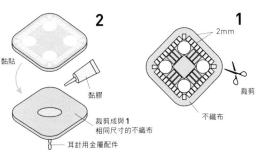

1
2mm
裁剪
不織布

SIMPLE MOTIF

作品頁面 ——➤ P.17

［白色・黑色］三角形耳針

【製作方式】製作方式以 **28** 為例解說

1 將圖案描繪在不織布上，周圍加上2mm的縫份後剪下不織布。將珍珠仿珠（**29**使用的是金屬珠）以手縫線隨意縫5顆在上面。

2 將小圓珠由邊緣開始以連續刺繡（➡ 參考P.82）固定，填滿整面。

3 貼上將與步驟 **1** 相同尺寸的不織布，與P.104的步驟 **5**、**6** 相同，使用2股線的繡線將周圍以捲針縫（➡ 參考P.67）收邊。

4 將上端以錐子打個洞，穿過O形環後接上耳針用金屬配件。

【材料】

28
DMC 25號繡線
712（米色）	適量
小圓珠（米色）	約160個
珍珠仿珠（棕）	10個
不織布（米色）	15×15cm
O形環（5mm・金）	2個
耳針用金屬配件（掛勾式・金）	1組
手縫線（60號・米色）	適量

29
DMC 25號繡線
310（黑）	適量
小圓珠（黑）	約160個
金屬珠（金）	10個
不織布（黑）	15×15cm
O形環（5mm・銀）	2個
耳針用金屬配件（掛勾式・銀）	1組
手縫線（60號・黑）	適量

SIZE　長3.2×寬2cm

使用工具

基本工具（P.72）／黏膠／平頭鉗子

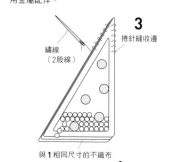

3

繡線（2股線）
捲針縫收邊
與 **1** 相同尺寸的不織布

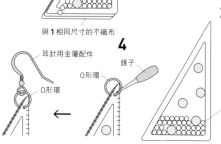

4

耳針用金屬配件
錐子
O形環
O形環

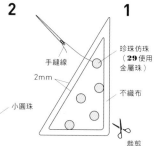

2
手縫線
2mm
小圓珠

1
珍珠仿珠（**29**使用金屬珠）
不織布
裁剪

實際尺寸刺繡圖案

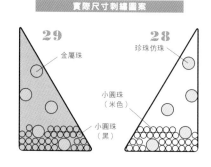

29
金屬珠
小圓珠（黑）

28
珍珠仿珠
小圓珠（米色）

作品頁面 ——➤ P.17

心形珍珠耳針

32

【製作方式】

1 將心形珍珠仿珠以黏膠黏貼在不織布上。周圍使用手縫線以圓形刺繡（➡ 參考P.83）固定小圓珠，然後以連續刺繡（➡ 參考P.82）輪流縫上小圓珠及橢圓形珠。

2 緊貼著邊緣剪下不織布。

3 將不織布裁剪成與步驟 **1** 作品相同尺寸，以錐子打洞後黏貼耳針用金屬配件。

4 將步驟 **2** 的作品與步驟 **3** 的材料貼合。

【材料】

小圓珠（灰）	約50個
小圓珠（白）	28個
橢圓形珠（3mm・灰）	28個
心形珍珠仿珠（12×4mm・白）	2個
不織布	15×15cm
耳針用金屬配件（耳釘式・銀）	1組
手縫線（60號・米色）	適量

SIZE　長2×寬2cm

使用道具

基本工具（P.72）／黏膠

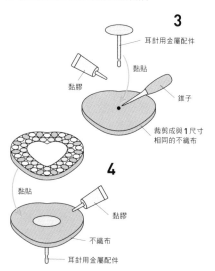

3

耳針用金屬配件
黏貼
黏膠
錐子
裁剪成與 **1** 尺寸相同的不織布

4

黏貼
黏膠
不織布
耳針用金屬配件

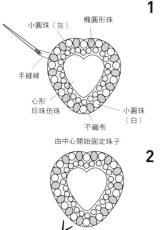

1

小圓珠（灰）
橢圓形珠
手縫線
心形珍珠仿珠
小圓珠（白）
不織布
由中心開始固定珠子

2

緊貼著珠子的邊緣裁剪

實際尺寸刺繡圖案

※另一只也以相同方式完成

小圓珠（灰）
橢圓形珠
心形珍珠仿珠
小圓珠（白）

珠子刺繡耳針加珍珠墜飾

【製作方式】

1 將壓克力珠以黏膠黏貼在不織布上，並且用手縫線加以固定。周圍以圓形刺繡（➡參考P.83）固定好古董珠及小圓珠，橢圓形珠則以連續刺繡（➡參考P.82）固定。緊貼著珠子邊緣將不織布剪下。

2 將不織布裁剪成與步驟1作品相同尺寸，於圓形的不織布上以錐子打洞後黏貼耳針用金屬配件，並與步驟1的作品貼合。

3 將9字針穿過珍珠仿珠後剪斷，前端彎折成圓形（➡參考P.87）。

4 在步驟2上打洞，分別連接穿好9字針的珍珠仿珠。

【材料】

古董珠（棕）	約80個
小圓珠（金）	約135個
小圓珠（黑）	約105個
橢圓形珠（3mm・白）	10個
珍珠仿珠（3mm・白）	2個
半球形壓克力珠（1.2×1.2cm・金）	2個
水滴型壓克力珠（1.4×1cm・黑）	2個
不織布（黑）	15×10cm
O形環（5mm・金）	4個
9字針（3cm・金）	2個
耳針用金屬配件（耳釘式・金）	1組
手縫線（60號・黑）	適量

SIZE 長6.5×寬2cm

30

使用工具

基本工具（P.72）／黏膠／平頭鉗子／斜口鉗

實際尺寸刺繡圖案

※另一只也以相同方式完成

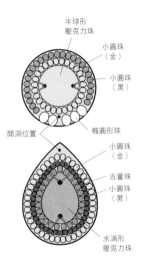

半球形壓克力珠
小圓珠（金）
小圓珠（黑）
開洞位置
橢圓形珠

小圓珠（金）
古董珠
小圓珠（黑）
水滴形壓克力珠

3

9字針
珍珠仿珠

4

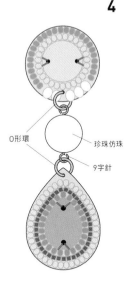

O形環
珍珠仿珠
9字針

1

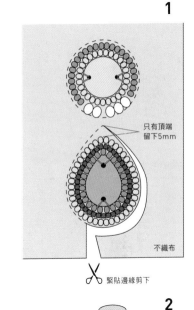

只有頂端留下5mm

不織布

✄ 緊貼邊緣剪下

2

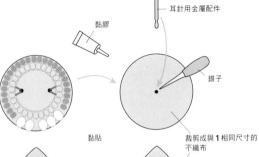

耳針用金屬配件
黏膠
錐子
黏貼
裁剪成與1相同尺寸的不織布
黏膠

POINT! 若是覺得長距離的圓形刺繡有困難，那麼也可以使用連續刺繡固定。

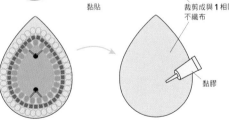

天然石珠子刺繡耳針

31

【製作方式】

1. 將天然石以黏膠黏貼在不織布上，並且用手縫線加以固定。周圍以圓形刺繡（➡參考P.83）固定小圓珠。珍珠仿珠一樣使用圓形刺繡固定，緊貼著珠子邊緣將不織布剪下。
2. 將不織布裁剪成與步驟1作品相同尺寸，以錐子打洞後黏貼耳針用金屬配件。
3. 將步驟1的作品與步驟2的材料黏合。
4. 以厚紙板作為底座纏繞流蘇線，中心穿過O形環後打結固定，製作長4.5cm的流蘇（➡參考P.92）。
5. 使用繡線纏繞流蘇。將O形環穿過步驟3材料上用錐子打好的洞，與流蘇的O形環連接起來。

【材料】

DMC 25號繡線
E3821（金）	適量
小圓珠（灰）	42個
珍珠仿珠（3mm・白）	32個
天然石（10×8mm・紫水晶）	2個
不織布（灰）	10×10cm
O形環（5mm、8mm・金）	各2個
耳針用金屬配件（耳釘式・金）	1組
流蘇線（16號・灰）	9m
手縫線（60號・灰）	適量
厚紙板	10×5cm

SIZE　長6.5×寬1.7cm

使用工具

基本工具（P.72）／黏膠／平頭鉗子

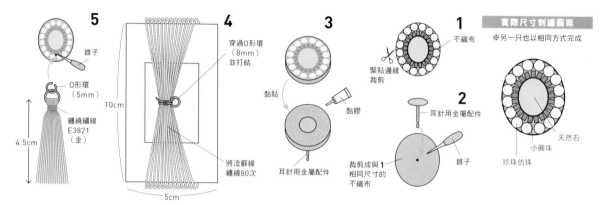

實際尺寸刺繡圖案
※另一只也以相同方式完成

5　錐子／O形環（5mm）／纏繞繡線E3821（金）／4.5cm

4　穿過O形環（8mm）並打結／10cm／5cm／將流蘇線纏繞80次

3　黏貼／黏膠／耳針用金屬配件

1　不織布／緊貼邊緣裁剪

2　耳針用金屬配件／裁剪成與1相同尺寸的不織布／錐子

天然石／小圓珠／珍珠仿珠

菱形捷克珠耳針

33

【製作方式】

1. 將捷克珠以黏膠黏貼在不織布上，並且用手縫線加以固定。周圍以圓形刺繡（➡參考P.83）固定小圓珠。緊貼著珠子邊緣將不織布剪下。
2. 與P.108步驟3、4相同，將作品製作成耳針。
3. 以厚紙板作為底座纏繞繡線，中心穿過O形環後打結固定，製作長3cm的流蘇（➡參考P.92）。
4. 在步驟2作品的捷克珠（白）下方以錐子打個洞，將O形環穿過去，與流蘇的O形環連接。

【材料】

DMC 25號繡線
842（米色）	4m
小圓珠（金）	約60個
菱形捷克珠（8×5mm・粉紅）	4個
菱形捷克珠（8×5mm・金、白）	各2個
不織布（米色）	15×10cm
O形環（5mm、8mm・金）	各2個
耳針用金屬配件（耳釘式・金）	1組
手縫線（米色）	適量
厚紙板	7×4cm

SIZE　長5.5×寬1.7cm

使用工具

基本工具（P.72）／黏膠／平頭鉗子

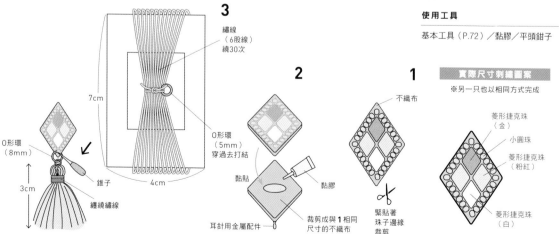

實際尺寸刺繡圖案
※另一只也以相同方式完成

3　繡線（6股線）繞30次／7cm／O形環（5mm）穿過去打結／4cm

O形環（8mm）／錐子／3cm／纏繞繡線

2　黏貼／黏膠／耳針用金屬配件／裁剪成與1相同尺寸的不織布／緊貼著珠子邊緣裁剪

1　不織布／菱形捷克珠（金）／小圓珠／菱形捷克珠（粉紅）／菱形捷克珠（白）

作品頁面 ──▶ P.18

新月形項鍊

3 4

SIZE　圖樣　長2×寬4cm

【製作方式】

1 將圖案描繪在歐根紗上，以車縫線將玻璃切割珠及切面珠縫上去。以連續刺繡（➡參考P.82）固定亮片。

2 在圖案周圍加上5mm後裁剪歐根紗，間隔固定距離剪開，折到背面黏貼固定。

3 將彈簧扣、平板鍊頭、O形環都連接到鍊條上，並將O形環縫在步驟 **2** 的作品上。

4 將皮革裁剪成比步驟 **3** 作品寬5mm後與步驟 **3** 的作品貼合，乾燥以後再將皮革裁剪成與作品相同尺寸。

【材料】

切面珠（淺棕）	約55個
玻璃切割珠（算珠形‧3mm‧蛋白石）	4個
亮片（圓平形‧4mm‧白）	26個
歐根紗（灰）	20×10cm
皮革（灰）	3×5cm
O形環（2.3mm‧金）	4個
彈簧扣、平板鍊頭（金）	各1個
鍊條（金）	25cm×2條
車縫線（60號‧淺米黃、白、黑）	各適量

使用工具

基本工具（P.72）／黏膠／平頭鉗子

實際尺寸刺繡圖案

O形環固定位置
玻璃切割珠
切面珠
亮片
刺繡方向

平板鍊頭
O形環
鍊條
彈簧扣
O形環
【背面】

3

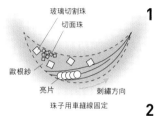

玻璃切割珠
切面珠
歐根紗
亮片
刺繡方向
珠子用車縫線固定

1

【背面】
4
黏膠
皮革
裁剪

歐根紗
折到背面貼合固定
黏膠
留下5mm後裁剪
剪開

2

作品頁面 ──▶ P.18

新月形耳針

3 5

SIZE　長3×寬2cm

【製作方式】

1 將圖案描繪在歐根紗上，以車縫線將玻璃切割珠及切面珠縫上去。以連續刺繡（➡參考P.82）固定亮片。

2 在圖案周圍加上5mm後裁剪歐根紗，間隔固定距離剪開，折到背面黏貼固定。

3 將耳針用金屬配件與O形環連接上，並將O形環縫在步驟 **2** 的作品上。

4 將皮革裁剪成比步驟 **3** 作品寬5mm後，與步驟 **3** 的作品貼合，乾燥以後再將皮革裁剪成與作品相同尺寸。

【材料】

切面珠（淺棕）	約85個
玻璃切割珠（算珠形‧3mm‧蛋白石）	4個
亮片（圓平形‧4mm‧白）	約40個
歐根紗（黑）	20×10cm
皮革（灰色）	5×5cm
O形環（2.3mm‧金）	1組
車縫線（60號‧淺米黃、白、黑）	各適量

使用工具

基本工具（P.72）／黏膠／平頭鉗子

實際尺寸刺繡圖案

※另一只也做成左右對稱的樣子

玻璃切割珠
切面珠
亮片
刺繡方向

4
黏膠
皮革
裁剪

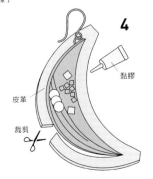

3
耳針用金屬配件
O形環

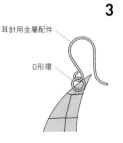

折到背面黏貼固定
黏膠
歐根紗
剪開
間隔固定距離剪開
留下5mm後裁剪

1~2

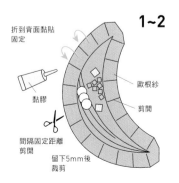

作品頁面 ——→ P.19

五角形珠寶耳針

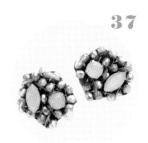

37

【 製作方式 】

1 將圖案描繪在歐根紗上，以車縫線固定好人工寶石。將2種捷克棗珠均衡地固定上去。

2 為了讓亮片能夠垂直起來，使用單邊固定（➡ 參考P.83）。

3 在周圍加上5mm之後裁剪歐根紗，間隔固定距離剪開後，折往背面黏貼固定。

4 將皮革裁切為比步驟3的作品尺寸大5mm，以錐子打洞後黏貼耳針用金屬配件。

5 將步驟4的材料與步驟3的作品貼合，乾燥後將周圍配合作品尺寸修剪。

【 材 料 】

捷克棗珠（3mm・灰）	18個
捷克棗珠（3mm・金）	約20個
亮片（龜甲・5mm・棕）	約22個
人工寶石（橢圓形・10×5mm・灰）	2個
人工寶石（圓形・6mm・米黃）	2個
歐根紗（黑）	20×10cm
皮革（灰）	5×5cm
耳針用金屬配件（耳釘式・金）	1組
車縫線（60號・灰、米黃、黑）	各適量

SIZE 長2×寬2cm

使用工具

基本工具（P.72）／黏膠

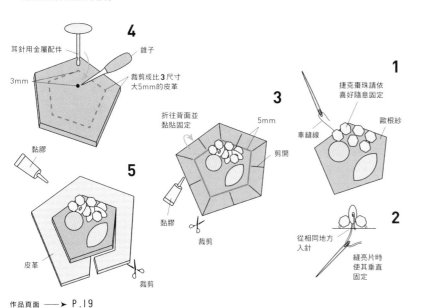

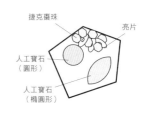

實際尺寸刺繡圖案

※另一只做成左右對稱的樣子

捷克棗珠　亮片　人工寶石（圓形）　人工寶石（橢圓形）

作品頁面 ——→ P.19

[藍色・粉紅] 亮片耳針

38

【 製作方式 】

1 將圖案描繪在歐根紗上，由圖案左下角起使用車縫線以單邊固定法（➡ 參考P.83）將亮片固定為4列。

2 在周圍加上5mm後裁剪歐根紗，間隔固定距離剪開後，折到背面黏貼固定。

3 將耳針用金屬配件與O形環連接好，並將O形環縫在步驟2的作品上。

4 將皮革裁剪成比步驟3的作品尺寸大5mm後，與步驟3的作品貼合，乾燥後再沿著圖案邊緣修剪。

【 材 料 】

38

亮片（圓平・6mm・藍灰）	14個
亮片（圓平・5mm・白）	14個

39

亮片（圓平・6mm・蛋白石）	14個
亮片（圓平・5mm・白）	14個

共通

歐根紗（棕）	20×10cm
皮革（灰）	5×5cm
O形環（2.3mm・金）	2個
耳針用金屬配件（耳釘式・金）	1組
車縫線（60號・灰、米黃、白、黑）	適量

39

SIZE 長1.5×寬1.5cm

使用工具

基本工具（P.72）／黏膠／平頭鉗子

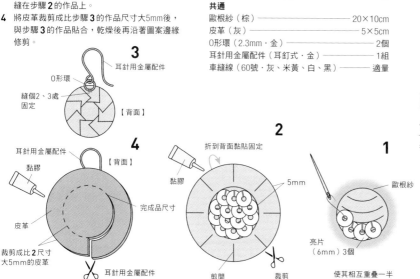

實際尺寸刺繡圖案

※另一只也以相同方式完成

亮片（5mm）4個　亮片（5mm）3個　亮片（6mm）3個　亮片（6mm）4個

【製作方式】製作方式以 **40** 為例解說

1 將圖案描繪在不織布上，避開中心部分直徑6mm範圍，繡成一個甜甜圈形。
2 沿著刺繡圖案的內側，以連續刺繡（➡參考P.82）讓珠子如同描繪一個圓形一樣，使用繡線固定，填滿內側。
3 在周圍加上1mm之後裁剪不織布。
4 將背面用的不織布裁剪成與步驟**3**作品相同尺寸，以錐子打洞後黏貼耳針用金屬配件。
5 將步驟**3**的作品與步驟**4**的材料貼合。

【材料】

40
DMC 25號繡線
　3844（藍）──────────適量
　小圓珠（綠）──────────38個
　不織布（黑）──────────5×5cm

41
DMC 25號繡線
　666（紅）──────────適量
　小圓珠（粉紅）──────────32個
　不織布（紅）──────────5×5cm

42
DMC 25號繡線
　856（粉紅）──────────適量
　小圓珠（藍）──────────36個
　不織布（白）──────────5×5cm

共通
耳針用金屬配件（耳釘式・金）──────────1個

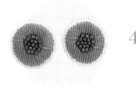

40
41
42

SIZE 直徑2cm

使用工具

基本工具（P.72）／黏膠

實際尺寸刺繡圖案

※繡線全部都使用2股線
※另一只也以相同方式完成

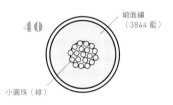

40
緞面繡（3844 藍）
小圓珠（綠）

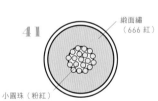

41
緞面繡（666 紅）
小圓珠（粉紅）

42
緞面繡（856 粉紅）
小圓珠（藍）

3

1mm
不織布

裁剪

4

黏膠
耳針用金屬配件
黏貼
錐子

裁剪成與 **3** 相同尺寸的不織布

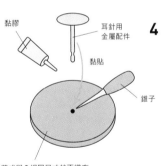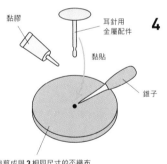

5

刺繡完成的不織布
黏膠
黏貼
不織布
耳針用金屬配件

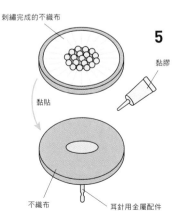

1

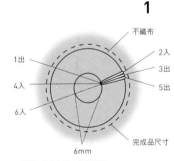

不織布
2入
3出
5出
1出
4入
6入
完成品尺寸
6mm

①第1針由內側向外側刺繡。
②第2針開始由外側朝著內側刺繡，注意不要留下縫隙，繡滿整圈。

2

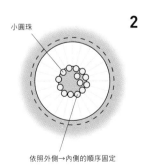

小圓珠

依照外側→內側的順序固定

【製作方式】 製作方式以 **43** 為例解說

1 將圖案描繪在不織布上，避開中心部分繪成甜甜圈形狀（➡參考P.113的步驟 **1**）。

2 沿著刺繡圖案的內側，以連續刺繡（➡參考P.82）固定珠子，如同描繪一個圓形一樣填滿內側。

3 與P.113的步驟 **3**～**5**相同，將作品製作成耳針。

POINT !

漸層色調的絲線只需要使用1種線，就能夠欣賞到許多顏色。改變圓圈大小就能夠產生顏色變化。

【材料】

43
COSMO 25號繡線
　8007（粉紅色系）────── 適量
古董珠（白）────── 10個
珍珠仿珠（2mm・白）────── 約24個

44
MOCO漸層手縫線
　809（粉紅～藍）────── 適量
古董珠（黃）────── 約36個

45
COSMO 25號繡線
　5034（粉紅～藍～黃～綠）────── 適量
雙切面珠（透明）────── 8個
小圓珠（白）────── 22個

46
COSMO 25號繡線
　5010（黃色系）────── 適量
小圓珠（粉紅）────── 12個
古董珠（淺紫）────── 24個

共通
不織布（白）────── 5×5cm
耳針用金屬配件（耳釘式・金）────── 1組

SIZE 直徑2cm

使用工具

基本工具（P.72）／黏膠

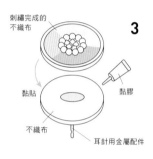

3
刺繡完成的不織布
黏貼
黏膠
不織布
耳針用金屬配件

1~2
珍珠仿珠（白）
依照外側→內側的順序固定
不織布
古董珠（白）

實際尺寸刺繡圖案

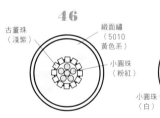

46
古董珠（淺紫）
緞面繡（5010黃色系）
小圓珠（粉紅）

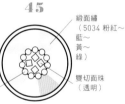

45
緞面繡（5034 粉紅～藍～黃～綠）
小圓珠（白）
雙切面珠（透明）

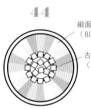

44
緞面繡（809 粉紅～藍）
古董珠（黃）

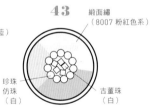

43
緞面繡（8007 粉紅色系）
珍珠仿珠（白）
古董珠（白）

【製作方式】

1 與P.113的步驟 **1**相同，在不織布上繡出一個甜甜圈形狀。

2 沿著刺繡圖案的內側，以連續刺繡（➡參考P.82）讓珠子如同描繪一個圓形一樣，使用繡線固定，填滿內側。緞面繡上以繡線隨意縫上珍珠仿珠。

3 與P.113的步驟 **3**～**5**相同，將作品製作成耳針。

【材料】

DMC金屬繡線
　E966（綠）────── 適量
古董珠（綠）────── 32個
珍珠仿珠（3mm・白）────── 22個
不織布（白）────── 5×5cm
耳針用金屬配件（耳釘式・金）────── 1組

47

SIZE 直徑2cm

使用工具

基本工具（P.72）／黏膠

實際尺寸刺繡圖案

※繡線全部都使用2股線
※另一只也以相同方式完成

3
刺繡完成的不織布
黏膠
黏貼
不織布
耳針用金屬配件

1~2
緞面繡
不織布
隨意縫上珍珠仿珠
古董珠（綠）

珍珠仿珠（3mm・白）
緞面繡（E966 綠）
古董珠（綠）

作品頁面 ── ➤ P.21

管珠圓形耳針

【製作方式】 製作方式以 **48** 為例解說

1 將圖案描繪在不織布上，避開中心部分繡成甜甜圈形狀（➡參考P.113的步驟**1**）。

2 沿著刺繡圖案的內側，以連續刺繡（➡參考P.82）讓珠子如同描繪一個圓形一樣，使用繡線固定，填滿內側。

3 將管珠以繡線固定為放射狀，周圍加上1mm之後裁剪不織布。

4 與P.113的步驟**4**～**5**相同，將作品製作成耳針。

實際尺寸刺繡圖案
※繡線全部都使用2股線
※另一只也以相同方式完成

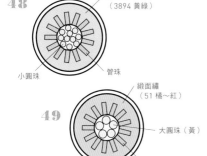

48
緞面繡（3894 黃綠）
小圓珠
管珠

49
緞面繡（51 橘～紅）
大圓珠（黃）
管珠

50
緞面繡（07 棕）
古董珠
管珠

51
緞面繡（3865 白）
雙切面珠
管珠

【材料】

48
DMC 25號繡線
3894（黃綠）──────── 適量
小圓珠（粉紅）──────── 22個
管珠（3mm・金）──────── 26個

49
DMC 25號繡線
51（橘～紅）──────── 適量
大圓珠（黃）──────── 10個
管珠（3mm・金）──────── 26個

50
DMC 25號繡線
07（棕）──────── 適量
古董珠（灰）──────── 22個
管珠（3mm・白）──────── 26個

51
DMC 25號繡線
3865（白）──────── 適量
雙切面珠（白）──────── 14個
管珠（3mm・銀）──────── 26個

共通
不織布（白）──────── 5×5cm
耳針用金屬配件（耳釘式・金）──────── 1組

48
49
50
51

SIZE　直徑2cm

使用工具
基本工具（P.72）／黏膠

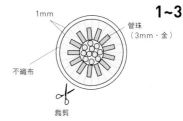

不織布
黏膠
黏貼
不織布
不織布
耳針用金屬配件
4

1mm
管珠（3mm・金）
不織布
裁剪
1~3

作品頁面 ── ➤ P.19

三角形珠寶別針

【製作方式】

1 將圖案描繪在歐根紗上，以車縫線固定珠子與人工寶石。周圍加上5mm之後裁剪歐根紗，間隔固定距離剪開後，折到背面黏貼固定。

2 將皮革裁剪成與步驟**1**的作品尺寸大5mm，切開用來固定的洞，將別針用金屬配件與皮革貼合。將皮革黏貼在步驟**1**的作品背後，乾燥之後依照圖案邊緣修剪。

【材料】
切面珠（灰）──────── 約60個
珍珠仿珠（2mm・米色）──────── 6個
玻璃切割珠（算珠形・3mm・蛋白石）──────── 4個
人工寶石（橢圓形・10×5mm・灰）──────── 1個
人工寶石（橢圓形・10×5mm・乳白色）──────── 1個
歐根紗（黑）──────── 15×15cm
皮革（灰）──────── 3×4cm
別針用金屬配件（1.7cm・金）──────── 1個
車縫線（60號・灰、白、黑）──────── 各適量

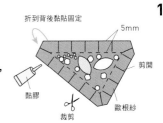

36

SIZE　長2×寬3.5cm

使用工具
基本工具（P.72）／黏膠

實際尺寸刺繡圖案

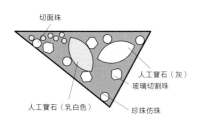

切面珠
人工寶石（灰）
玻璃切割珠
人工寶石（乳白色）
珍珠仿珠

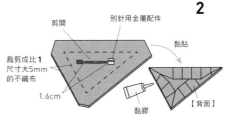

剪開
別針用金屬配件
黏貼
裁剪成比**1**尺寸大5mm的不織布
1.6cm
黏膠
【背面】
2

折到背後黏貼固定
5mm
剪開
黏膠
裁剪
歐根紗
1

SIMPLE MOTIF

三角形刺繡耳針

【製作方式】 製作方式以 **52** 為例解說

1　將圖案描繪在不織布上，進行刺繡。
2　周圍加上2mm之後裁剪不織布。
3　將背面用的不織布裁剪成與步驟 **2** 的作品相同尺寸，以錐子打洞後黏貼耳針用金屬配件。
4　將步驟 **3** 的材料與步驟 **2** 的作品貼合。

【材料】

52
DMC 25號繡線
　3844（藍）、3865（白）、E980（螢光黃）、
　E990（螢光綠）、E3852（金）、
　U2019（螢光粉紅）───── 各適量

53
DMC 25號繡線
　17（黃）、211（淺紫）、415（灰）、
　712（米色）、760（淺粉紅）、
　772（淺黃綠）、955（薄荷綠）、
　3811（水色）───── 各適量

共通
不織布（白）───── 10×10cm
耳針用金屬配件（耳釘式・金）───── 1組

SIZE　長3×寬2.5cm

使用工具

基本工具（P.72）／黏膠

1

在不織布上刺繡

2

2mm
裁剪
不織布

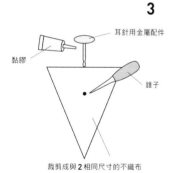

3

耳針用金屬配件
黏膠
錐子

裁剪成與 **2** 相同尺寸的不織布

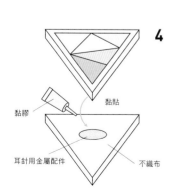

4

黏膠
黏貼
耳針用金屬配件
不織布

實際尺寸刺繡圖案

※繡線全部都使用2股線

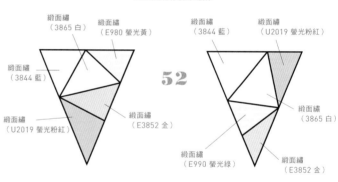

52

緞面繡（3865 白）
緞面繡（E980 螢光黃）
緞面繡（3844 藍）
緞面繡（U2019 螢光粉紅）
緞面繡（E3852 金）

緞面繡（3844 藍）
緞面繡（U2019 螢光粉紅）
緞面繡（3865 白）
緞面繡（E990 螢光綠）
緞面繡（E3852 金）

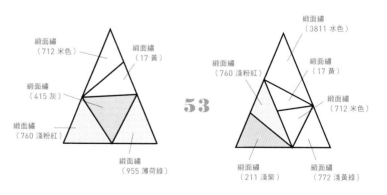

53

緞面繡（712 米色）
緞面繡（17 黃）
緞面繡（415 灰）
緞面繡（760 淺粉紅）
緞面繡（955 薄荷綠）

緞面繡（3811 水色）
緞面繡（760 淺粉紅）
緞面繡（17 黃）
緞面繡（712 米色）
緞面繡（211 淺紫）
緞面繡（772 淺黃綠）

【 製 作 方 式 】 製作方式以 **54** 為例解說

1　與P.116的步驟 **1**～**2**相同，將圖案描繪在不織布上，刺繡之後於周圍加上2mm然後裁剪不織布。

2　將背面用的不織布裁剪成與步驟 **1**的作品相同尺寸後，以手縫線將別針用金屬配件縫上去，並且與步驟 **1**的作品貼合。

【 材 料 】

54

DMC 25號繡線

　　3844（藍）、3865（白）、E980（螢光黃）、
　　E990（螢光綠）、E3852（金）、
　　U2019（螢光粉紅）————————各適量

55

DMC 25號繡線

　　07（米黃）、152（粉紅）、415（灰）、
　　648（淺米黃）、712（米色）、
　　926（藍灰）、3779（鮭魚粉）、
　　3864（嬰兒粉）————————各適量

56

DMC 25號繡線

　　17（黃）、211（淺紫）、415（灰）、
　　712（米色）、760（紅）、772（淺黃綠）、
　　818（粉紅）、955（薄荷綠）、
　　3811（水色）————————各適量

共通

不織布（白）————————15×10cm
別針用金屬配件（3.5cm．金）————1個
手縫線（60號．白）————————適量

54

55

56

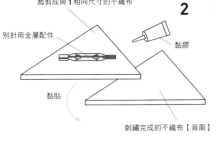

裁剪成與 **1** 相同尺寸的不織布

別針用金屬配件

黏膠

黏貼

刺繡完成的不織布【背面】

2

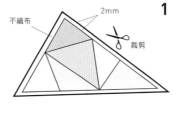

不織布

2mm

裁剪

1

SIZE　長4×寬8cm

使用工具

基本工具（P.72）／黏膠

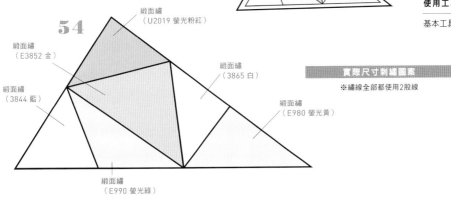

實際尺寸刺繡圖案

※繡線全部都使用2股線

54

緞面繡
（U2019 螢光粉紅）

緞面繡
（E3852 金）

緞面繡
（3844 藍）

緞面繡
（3865 白）

緞面繡
（E980 螢光黃）

緞面繡
（E990 螢光綠）

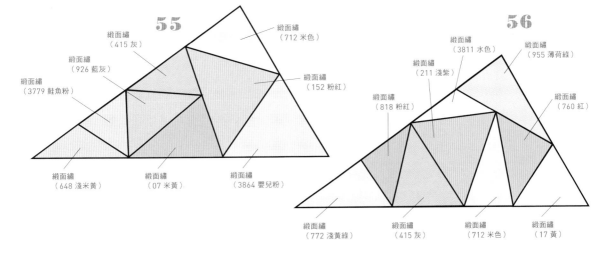

55

緞面繡
（415 灰）

緞面繡
（926 藍灰）

緞面繡
（3779 鮭魚粉）

緞面繡
（712 米色）

緞面繡
（152 粉紅）

緞面繡
（648 淺米黃）

緞面繡
（07 米黃）

緞面繡
（3864 嬰兒粉）

56

緞面繡
（3811 水色）

緞面繡
（211 淺紫）

緞面繡
（955 薄荷綠）

緞面繡
（818 粉紅）

緞面繡
（760 紅）

緞面繡
（772 淺黃綠）

緞面繡
（415 灰）

緞面繡
（712 米色）

緞面繡
（17 黃）

【製作方式】製作方式以 01 為例解說

1 將圖案描繪在布料上進行刺繡。
2 在圖案周圍加上1.5mm的縫份後裁剪布料。
3 以手縫線將周圍做間隔較寬的平針縫，包在別針配件組的底座上並將線收緊，打結固定。
4 將皮革裁剪成比底座周圍小2mm的尺寸，並把別針用金屬配件以手縫線固定在皮革上。
5 將步驟 4 的材料與步驟 3 的作品貼合。（➡參考P.91別針製作方式）

【材料】

01
DMC 25號繡線
　915（紫紅）、3042（淺紫）、3046（米黃）、
　3346（綠）、ECRU（米色）──────各適量
麻布（深藍）──────────────15×15cm

02
DMC 25號繡線
　926（灰）、3046（米黃）、3346（綠）、
　3808（藍）、ECRU（米色）──────各適量
麻布（淺棕）──────────────15×15cm

共通
皮革（米黃）──────────────5×5cm
別針配件組（橢圓形45mm）─────── 1個
別針用金屬配件（2.5cm・銀色）───── 1個
手縫線（60號・米色）──────────適量

SIZE　長3.5×寬4.5cm

使用工具

基本工具（P.72）／黏膠

3

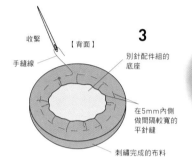

收緊
【背面】
手縫線
別針配件組的底座
在5mm內側做間隔較寬的平針縫
刺繡完成的布料

1

麻布

4

別針用金屬配件
2mm
別針配件組底座的尺寸
皮革【正面】

2

1.5cm
完成品尺寸
裁剪

5

【背面】
刺繡完成的布料
黏膠
黏貼
皮革

POINT !

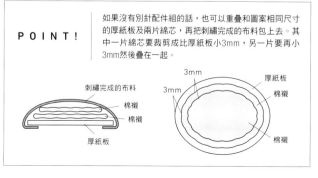

如果沒有別針配件組的話，也可以重疊和圖案相同尺寸的厚紙板及兩片綿芯，再把刺繡完成的布料包上去。其中一片綿芯要裁剪成比厚紙板小3mm，另一片要再小3mm然後疊在一起。

刺繡完成的布料
棉襯
棉襯
厚紙板

3mm
3mm
厚紙板
棉襯
棉襯

實際尺寸刺繡圖案

※繡線除非特別指定，否則都使用3股線
※法國結粒繡繞2次

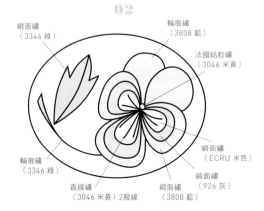

01

緞面繡（3346 綠）
輪廓繡（915 紫紅）
法國結粒繡（3046 米黃）
緞面繡（ECRU 米色）
緞面繡（3042 淺紫）
緞面繡（915 紫紅）
直線繡（3046 米黃）2股線
輪廓繡（3346 綠）

02

緞面繡（3346 綠）
輪廓繡（3808 藍）
法國結粒繡（3046 米黃）
緞面繡（ECRU 米色）
緞面繡（926 灰）
緞面繡（3808 藍）
直線繡（3046 米黃）2股線
輪廓繡（3346 綠）

［野花·白色果實·蝴蝶］別針

【製作方式】 製作方式以 **05** 為例解說

1 將圖案繪在布料上進行刺繡，周圍加上1.5cm 的縫份後裁剪布料。

2 以手縫線將周圍做間隔較寬的平針縫，包在別 針配件組的底座上並將線收緊，打結固定。

3 將皮革裁剪成比底座周圍小2mm的尺寸，並把 別針用金屬配件以手縫線固定在皮革上。

4 將步驟 **3** 的材料與步驟 **2** 的作品黏合。（➡參 考P.91別針製作方式）

【 材 料 】

03
DMC 25號繡線
　833（芥子色）、919（紅）、3023（灰）、
　3052（淺綠）、3768（深灰）──── 各適量
麻布（米色）──────────── 15×15cm
別針配件組（橢圓形55mm）────── 1個

04
DMC 25號繡線
　502（綠）、833（芥子色）、926（灰）、
　3042（淺紫）、ECRU（米色）──── 各適量
麻布（芥子色）───────────── 15×15cm
別針配件組（橢圓形55mm）────── 1個

05
DMC 25號繡線
　301（棕）、833（芥子色）、3033（灰）
　──────────────────── 各適量
麻布（藍灰）───────────── 15×15cm
別針配件組（橢圓形45mm）────── 1個

共通
皮革（米黃）──────────── 10×5cm
別針用金屬配件（3cm·金色）──── 1個
手縫線（60號·米色）──────── 適量

SIZE　長4×寬5.5cm

SIZE　長4×寬5.5cm

SIZE　長3.5×寬4.5cm

使用工具

基本工具（P.72）／黏膠

實際尺寸刺繡圖案

※繡線除非特別指定，否則都使用3股線
※法國結粒繡繞2次
※**03** 為了不讓圖案有中斷的感覺，要繡 到外側。

03
法國結粒繡（3768 深灰）
緞面繡（3052 淺綠）2股線
法國結粒繡（919 紅）
直線繡（3052 淺綠）2股線
緞面繡（919 紅）
緞面繡（833 芥子色）2股線
緞面繡（3052 淺綠）2股線
飛行繡（3023 灰）2股線
雛菊繡＋直線繡（833 芥子色）
輪廓繡（3052 淺綠）2股線
直線繡（502 綠）

04
法國結粒繡（3042 淺紫）
緞面繡（926 灰）
法國結粒繡（833 芥子色）6股線
輪廓繡（926 灰）
雛菊繡＋直線繡（926 灰）
輪廓繡（502 綠）
緞面繡（ECRU 米色）
緞面繡（502 綠）
輪廓繡（926 灰）
緞面繡（3042 淺紫）
緞面繡（926 灰）
雛菊繡＋直線繡（926 灰）

05
法國結粒繡（3033 灰）
輪廓繡（3033 灰）
緞面繡（301 棕）
輪廓繡（833 芥子色）
輪廓繡（301 棕）
鎖鍊繡（3033 灰）

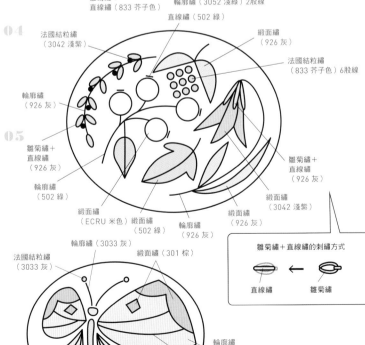

雛菊繡＋直線繡的刺繡方式
直線繡 ← 雛菊繡

1
完成品尺寸
1.5cm
裁剪

2
【背面】
將線收緊
手縫線
別針配件組的底座
在5mm內側做間隔較寬的平針縫
刺繡完成的布料

3
別針用金屬配件
2mm
別針配件組的底座尺寸
皮革

4
黏膠
黏貼
皮革

【製作方式】製作方式以 **09** 為例解說

1 將圖案描繪在布料上並進行刺繡，周圍加上縫份1cm之後裁剪布料。

2 以手縫線將周圍做間隔較寬的平針縫，包在包扣配件上並將線收緊，打結固定。

3 將不織布裁剪成比包扣配件周圍小2mm，將打了一個結的髮圈橡皮筋穿過去之後，與步驟 **2** 的作品黏合。（➡參考P.90髮圈製作方式）

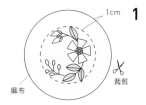

【材料】

08
DMC 25號繡線
　834（黃）、3031（棕）、ECRU（米色）
　　　　　　　　　　　　　　　　　各適量
麻布（淺棕）————————15×15cm

09
DMC 25號繡線
　470（黃綠）、930（藍）、ECRU（米色）
　　　　　　　　　　　　　　　　　各適量
麻布（綠）—————————15×15cm
共通
不織布（米黃）————————5×5cm
包扣配件（3.5cm）————————1個
髮圈（黑）—————————18cm
手縫線（60號・米色）——————適量

SIZE　直徑3.5cm

使用工具

基本工具（P.72）／黏膠

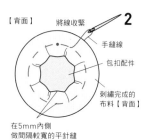

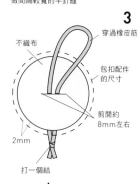

實際尺寸刺繡圖案

※繡線除非特別指定，否則都使用3股線
※法國結粒繡繞2次
※**09**為了不讓圖案有中斷的感覺，要繡到外側

雛菊繡＋直線繡的刺繡方式

直線繡　←　雛菊繡

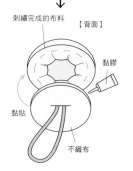

花草拉鍊包

【製作方式】（➡參考 P.89 拉鍊包的製作方式）

1 將圖案描繪在包包前片用的麻布上並進行刺繡，周圍加上縫份1cm之後裁剪布料。

2 將後片用的麻布以及2片裡布，裁剪成與步驟1的作品相同尺寸。

3 將刺繡完成的布料與1片裡布的內面朝外對齊，夾著拉鍊縫起。

4 拉鍊的另一隻也也一樣，將後片用布料及裡布的內面朝外對齊後縫起。

5 前後及裡布的布料內面朝外都對齊，將周圍縫合，只留下翻面用口。此時拉鍊要打開一半。

6 將四角剪去三角形，自翻面用口將作品翻回正面，將翻面用口縫合。將皮繩綁在拉鍊頭。

【材料】

DMC 25號繡線
930（藍）、ECRU（米色）———— 各適量
麻布（紅）、內裡用棉布 ———— 各30×20cm
拉鍊（18cm・深藍）———————— 1條
手縫線（60號・粉紅色）———— 適量
皮繩（3mm寬）———————————— 20cm

SIZE 長13×寬18cm

使用工具

基本工具（P.72）

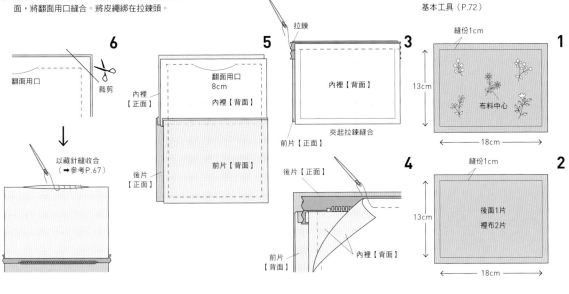

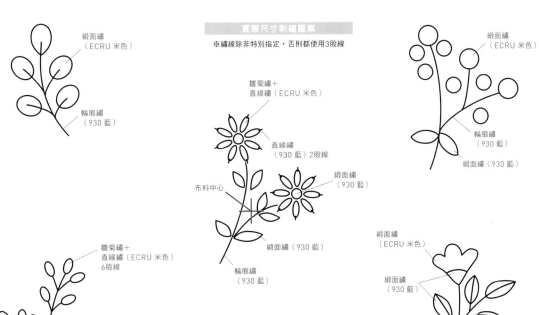

實際尺寸刺繡圖案

※繡線除非特別指定，否則都使用3股線

緞面繡（ECRU 米色）

輪廓繡（930 藍）

雛菊繡＋直線繡（ECRU 米色）6股線

輪廓繡（930 藍）

緞面繡（930 藍）

雛菊繡＋直線繡（ECRU 米色）

直線繡（930 藍）2股線

緞面繡（930 藍）

布料中心

緞面繡（930 藍）

輪廓繡（930 藍）

緞面繡（ECRU 米色）

輪廓繡（930 藍）

緞面繡（930 藍）

緞面繡（ECRU 米色）

緞面繡（930 藍）

輪廓繡（930 藍）

【製作方式】

1 將圖案描繪在布料上，進行刺繡。與P.118的步驟 **1**～**5** 相同，將作品製作成別針（➡參考P.91別針製作方式）。

【材料】

06
DMC 25號繡線
　733（卡其）、927（藍灰）、
　3023（灰）、3033（米色）————各適量
麻布（藍）————————————15×15cm

07
DMC 25號繡線
　927（藍灰）、3023（灰）、
　ECRU（米色）————————各適量
麻布（芥子色）—————————15×15cm

共通
皮革（米黃）————————————5×5cm
別針配件組（橢圓形45mm）—————1個
別針用金屬配件（3cm・金）————1個
手縫線（60號・米色）———————適量

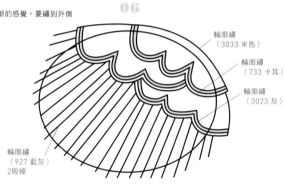

SIZE　長3.5×寬4.5cm

使用工具

基本工具（P.72）／黏膠

實際尺寸刺繡圖案

※繡線除非特別指定，否則都使用3股線
※法國結粒繡繞2次
※為了不讓圖案有中斷的感覺，要繡到外側

輪廓繡
（ECRU 米色）　**07**

輪廓繡
（927 藍灰）

輪廓繡
（3023 灰）

雛菊繡＋直線繡
（3023 灰）6股線

06

輪廓繡
（3033 米色）

輪廓繡
（733 卡其）

輪廓繡
（3023 灰）

輪廓繡
（927 藍灰）
2股線

【製作方式】製作方式以 **14** 為例解說

1 將圖案描繪在麻布上並進行刺繡，周圍加上縫份1cm後裁剪布料。
2 將麻布裁剪成與表布相同尺寸作為裡布，與步驟 **1** 的內面朝外對齊後，留下翻面用口，將四周縫合。
3 將四角剪掉後翻回正面，並以藏針縫（➡參考P.67）將翻面用口收合，以熨斗將表面燙平。

【材料】

13
DMC 25號繡線
　927（藍灰）、ECRU（米色）——各適量
麻布（卡其）—————————30×15cm
手縫線（60號・卡其）———————適量

14
DMC 25號繡線
　832（卡其）、ECRU（米色）——各適量
麻布（棕）——————————30×15cm
手縫線（60號・棕）————————適量

13

14

SIZE　長10×寬10cm

使用工具

基本工具（P.72）

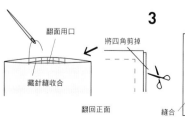

翻面用口

藏針縫收合

翻回正面

3

將四角剪掉

2

裡布【背面】

翻面用口
5cm

縫合

刺繡完成的布料【正面】

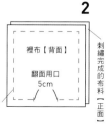

1

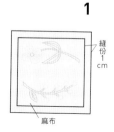

縫份1cm

麻布

BOTANICAL MOTIF

實際尺寸刺繡圖案

※繡線全部都使用3股線
※法國結粒繡繞2次

13

輪廓繡
（927 藍灰）

法國結粒繡
（ECRU 米色）

輪廓繡
（ECRU 米色）

飛行繡
（ECRU 米色）

輪廓繡
（ECRU 米色）

飛行繡
（ECRU 米色）

輪廓繡
（927 藍灰）

法國結粒繡
（ECRU 米色）

14

輪廓繡
（832 卡其）

輪廓繡
（ECRU 米色）

飛行繡
（ECRU 米色）

輪廓繡
（ECRU 米色）

緞面繡
（832 卡其）

花草眼鏡盒

【製作方式】 製作方式以 **12** 為例解說

1 將圖案描繪在麻布上並進行刺繡，周圍加上縫份1cm以後裁剪布料。

2 在袋口布料加上縫份1cm以後裁剪，將左右兩邊的縫份折起，然後對折。

3 內裡用棉布、棉襯裁成與麻布相同尺寸，將步驟 **1** 的作品與綿芯疊在一起之後將袋口側縫合。

4 將內裡布料疊合後重新摺疊，留下翻面用口後縫合。

5 翻回正面將翻面用口以藏針縫（➡ 參考P.67）收合，穿過彈簧包口配件後鎖上螺絲。

【材料】

11
DMC 25號繡線
　223（粉紅）、939（暗藍）、
　3033（淺灰）────────── 各適量
麻布（酒紅）────────── 55×15cm
手縫線（60號・酒紅）────── 適量

12
DMC 25號繡線
　832（卡其）、3033（淺灰）、
　3346（綠）────────── 各適量
麻布（藍綠）────────── 55×15cm
手縫線（60號・藍綠）────── 適量

共通
裡布用棉布、棉襯────── 各50×15cm
彈簧包口配件（寬8cm）────── 1個

SIZE　長8.5×寬18cm

SIZE　長18×寬8.5cm

使用工具

基本工具（P.72）／黏膠

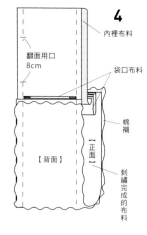

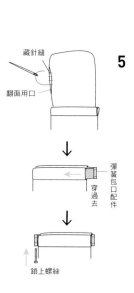

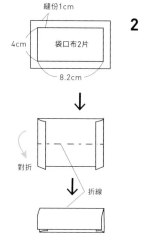

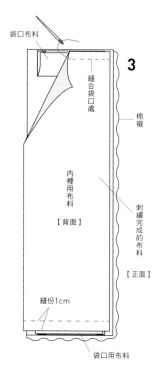

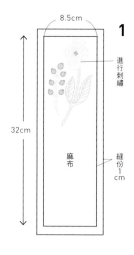

實際尺寸刺繡圖案

※繡線除非有特別指定，否則都使用3股線
※法國結粒繡繞2次

11

緞面繡
（3033 淺灰）

法國結粒繡
（939 暗藍）

法國結粒繡
（223 粉紅）

法國結粒繡
（939 暗藍）6股線

法國結粒繡
（3033 淺灰）
6股線

直線繡
（223 粉紅）

直線繡
（3033 淺灰）
2股線

布料中心

輪廓繡
（939 暗藍）

緞面繡
（939 暗藍）

直線繡
（939 暗藍）

緞面繡
（3033 淺灰）

輪廓繡
（939 暗藍）

緞面繡
（3033 淺灰）

緞面繡
（939 暗藍）

輪廓繡
（3033 淺灰）

緞面繡
（223 粉紅）

輪廓繡
（939 暗藍）

緞面繡
（939 暗藍）

輪廓繡
（3033 淺灰）

法國結粒繡
（832 卡其）6股線

輪廓繡
（3346 綠）

12

布料中心

直線繡
（3346 綠）

緞面繡
（832 卡其）

輪廓繡
（3033 淺灰）

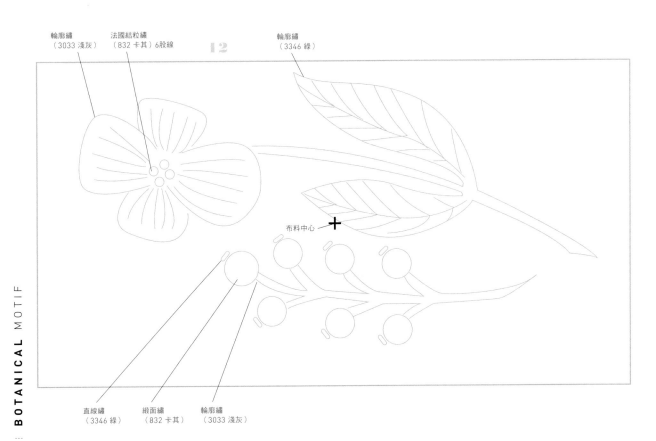

BOTANICAL MOTIF

白花項鍊

15

【 製作方式 】

1　將圖案描繪在棉布上並進行刺繡。
2　以2股繡線來固定珠子。
3　將刺繡完成的布料大致上剪下，以黏膠將合成皮黏貼在背面，待其完全乾燥。
4　由刺繡處算起多留1mm後沿著邊緣剪下。
5　避開刺繡處，以錐子打洞後裝上三角環。
6　連結鍊條、彈簧扣及平板鍊頭，並以O形環將配件與步驟5中的三角環連接起來。

【 材 料 】

DMC 25號繡線

726（黃）、ECRU（米色）	各適量
棉布（米色）	15×15cm
珍珠仿珠（6mm・白）	2個
珍珠仿珠（3mm・白）	2個
玻璃珠（算珠形・3mm・透明）	4個
玻璃珠（算珠形・3mm・米黃）	4個
O形環（2.5mm・金）	4個
三角環（5mm・金）	2個
彈簧扣（金）、平板鍊頭（金）	各1個
鍊條（金）	25cm×2條
合成皮	10×5cm

SIZE　圖樣　長4.5×寬9.5cm

使用工具

基本工具（P.72）／黏膠／平頭鉗子

5

三角環

避開繡線處
左右都以錐子
打洞

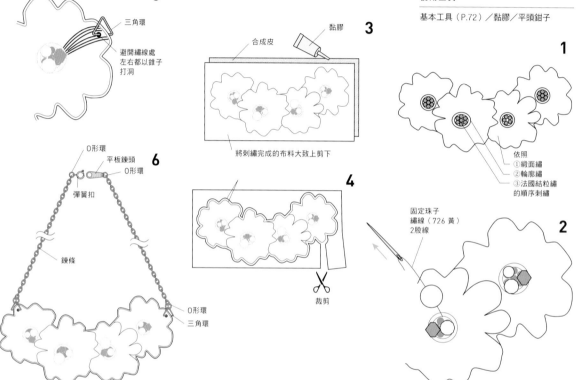

3

黏膠

合成皮

將刺繡完成的布料大致上剪下

4

裁剪

1

依照
①緞面繡
②輪廓繡
③法國結粒繡
的順序刺繡

2

固定珠子
繡線（726 黃）
2股線

6

O形環
平板鍊頭
O形環
彈簧扣

鍊條

O形環
三角環

實際尺寸刺繡圖案

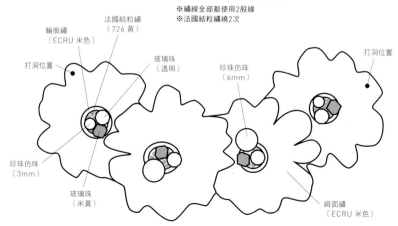

※繡線全部都使用2股線
※法國結粒繡繞2次

輪廓繡
（ECRU 米色）

法國結粒繡
（726 黃）

打洞位置

玻璃珠
（透明）

珍珠仿珠
（6mm）

打洞位置

珍珠仿珠
（3mm）

玻璃珠
（米黃）

緞面繡
（ECRU 米色）

作品頁面 —— ▶ P.29

【製作方式】製作方式以 16 為例解說

1 與P.126的步驟 1～4 相同，將圖案描繪在棉布上並進行刺繡，之後以2股繡線（米色）縫上珠子。以黏膠將不織布貼在背面。待其完全乾燥後，在刺繡部分外緣留下1mm後沿著周圍剪下作品。

2 將蝴蝶結固定上去。

3 使用黏膠將耳夾用金屬配件固定在步驟 2 的作品背面。

【材料】

16
DMC 25號繡線
966（苔綠）、3821（米黃）————各適量

17
761（淡彩粉紅）、3821（米黃）————各適量

共通
棉布（米色）————————————15×15cm
特小珠（白）————————————12個
耳夾用金屬配件（彈簧夾・金）————1組
緞面緞帶（3mm・米色）—————7cm×2條
不織布（灰）——————————10×5cm

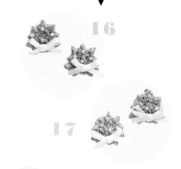

SIZE 長2.2×寬2.2cm

使用工具

基本工具（P.72）／黏膠

實際尺寸刺繡圖案

※繡線全部都使用2股線
※另一只也以相同方式完成

16
特小珠
緞面繡（3821 米黃）
緞面繡（966 苔綠）
固定緞帶的位置

17
特小珠
緞面繡（3821 米黃）
緞面繡（761 淡粉紅）
固定緞帶的位置

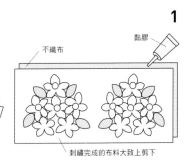

3
不織布【背面】
黏膠
耳夾用金屬配件

2
黏貼
黏膠
2cm
將緞面緞帶（7cm）打成蝴蝶結（➡參考P.67）

1
不織布
黏膠
刺繡完成的布料大致上剪下

作品頁面 —— ▶ P.29

【製作方式】製作方式以 18 為例解說

1 將圖案描繪在棉布上並進行刺繡，大致上剪下刺繡完成的布料，以黏膠將不織布黏貼在背面，待其完全乾燥。

2 與P.126的步驟 4～6 相同，在刺繡部分外緣留下1mm後沿著周圍剪下作品。接上O形環。將鍊條接上彈簧扣、平板鍊頭，以C形環連上O形環。

【材料】

18
DMC 25號繡線
368（苔綠）、791（深藍）、3855（黃）、
3827（米黃）————————各適量

19
DMC 25號繡線
554（淺紫）、581（黃綠）、727（檸檬黃）、
955（薄荷綠）、3708（粉紅）、
3761（水色）、3855（黃）————各適量

共通
棉布（米色）————————————15×15cm
O形環（2.5mm・金）————————2個
O形環（4mm・金）—————————2個
C形環（3.5×2.5mm・金）—————2個
彈簧扣（金）、平板鍊頭（金）———各1個
鍊條（金）———————————20cm×2條
不織布（灰）——————————10×5cm

SIZE 圖樣 長1×寬4.2cm

使用工具

基本工具（P.72）／黏膠／平頭鉗子

實際尺寸刺繡圖案

※繡線全部都使用2股線
※法國結粒繡繞2次

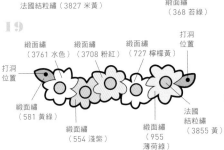

18
打洞位置
緞面繡（791 深）
緞面繡（3855 黃）
打洞位置
法國結粒繡（3827 米黃）
緞面繡（368 苔綠）

19
緞面繡（3761 水色）
緞面繡（3708 粉紅）
緞面繡（727 檸檬黃）
打洞位置
打洞位置
緞面繡（581 黃綠）
緞面繡（554 淺紫）
緞面繡（955 薄荷綠）
法國結粒繡（3855 黃）

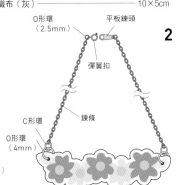

2
O形環（2.5mm）
平板鍊頭
彈簧扣
C形環
鍊條
O形環（4mm）

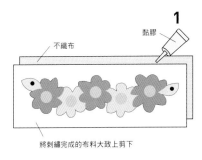

1
不織布
黏膠
將刺繡完成的布料大致上剪下

【製作方式】製作方式以 **20** 為例解說

1 將圖案描繪在布料上並進行刺繡。以手縫線固定珠子。

2 周圍加上縫份1.5cm後裁剪布料。

3 以手縫線在周圍做間隔較寬的平針縫，將作品包覆在別針配件組上並將線收緊，打結固定。

4 將皮革裁剪成比別針配件組底座小2mm之後，縫上別針用金屬配件。

5 將步驟 **4** 的材料與步驟 **3** 的作品貼合。（➡參考P.91別針製作方式）

【材料】

20

DMC 25號繡線
746（米色）、783（芥子色）、
3781（焦茶色）、3829（淺棕色）、
3865（白）───────────各適量
古董珠（銀）─────────13個
棉麻布（深藍）─────────15×15cm

21

DMC 25號繡線
469（綠）、743（黃）、937（深綠）、
3803（紫紅）、ECRU（米色）────各適量
棉麻布（芥子色）────────15×15cm

共通

別針配件組（橢圓形·45mm）────1個
別針用金屬配件（2.5cm·銀）───1個
皮革（棕）──────────5×4cm
手縫線（60號·米色）───────適量

SIZE　長4.5×寬3.5cm

SIZE　長4.5×寬3.5cm

使用工具

基本工具（P.72）／黏膠

3

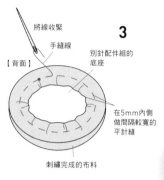

將線收緊
手縫線
【背面】
別針配件組的底座
在5mm內側做間隔較寬的平針縫
刺繡完成的布料

4

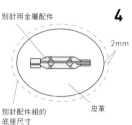

別針用金屬配件
2mm
別針配件組的底座尺寸
皮革

5

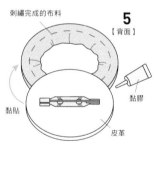

刺繡完成的布料
【背面】
黏膠
黏貼
皮革

1

棉麻布

（3865 白）
（746 米色）

法國結粒繡
繡成每5～6個聚集在一起

2

1.5cm
完成品尺寸
裁剪

POINT!

如果沒有別針配件組的話，也可以重疊和圖案相同尺寸的厚紙板及兩片綿芯，再把刺繡完成的布料包上去。其中一片綿芯要裁剪成比厚紙板小3mm，另一片要再小3mm然後疊在一起。

刺繡完成的布料
棉襯
棉襯
厚紙板

3mm
3mm
厚紙板
棉襯
棉襯

實際尺寸刺繡圖案

※繡線除非特別指定，否則都使用3股線
※法國結粒繡繞2次

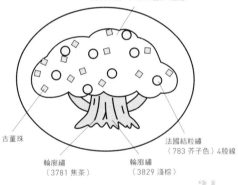

20

法國結粒繡
（3865 白·746 米色）4股線

古董珠

輪廓繡（3781 焦茶）

輪廓繡（3829 淺棕）

法國結粒繡（783 芥子色）4股線

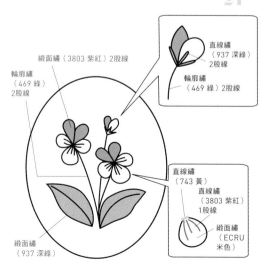

21

直線繡（937 深綠）2股線

輪廓繡（469 綠）2股線

緞面繡（3803 紫紅）2股線

輪廓繡（469 綠）2股線

直線繡（743 黃）
直線繡（3803 紫紅）1股線

緞面繡（ECRU 米色）

緞面繡（937 深綠）

【製作方式】製作方式以 **22** 為例解說

1 將圖案描繪在布料上並進行刺繡，周圍加上縫份1.5cm後裁剪布料。

2 以手縫線在周圍做間隔較寬的平針縫。將作品包覆在髮圈配件組的底座上（**29**使用的是包扣用配件組的上鈕扣）將線收緊，打結固定。

3 將背面的配件（**29**為包扣配件組的下鈕扣）嵌入，穿過髮圈用橡皮繩。

【材料】

22
DMC 25號繡線
　310（黑）、3829（淺棕）──────各適量
古董珠（金）─────────────16個
棉麻布（米色）───────────15×15cm
髮圈配件組（橢圓形45mm）──────1個

23
DMC 25號繡線
　310（黑）、3829（淺棕）──────各適量
古董珠（金）─────────────21個
棉麻布（米色）───────────15×15cm
髮圈配件組（橢圓形4.5cm）─────1個

29
DMC 25號繡線
　550（紫）、522（綠）、524（淺綠）、
　3861（淺紫）、ECRU（米色）────各適量
棉麻布（淺紫）───────────15×15cm
包扣配件組（直徑3.5cm）──────1個

共通
髮圈用橡皮繩（棕）──────────18cm
手縫線（60號・米色）─────────適量

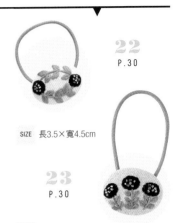

22
P.30

SIZE 長3.5×寬4.5cm

23
P.30

SIZE 長3.5×寬4.5cm

29
P.31

SIZE 直徑3.5cm

使用工具

基本工具（P.72）

實際尺寸刺繡圖案

※繡線全部都使用3股線
※法國結粒繡繞2次

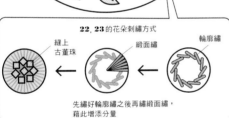

22

輪廓繡（3829 淺棕）
緞面繡（3829 淺棕）
輪廓繡（3829 淺棕）
輪廓繡（310 黑）
緞面繡（310 黑）
古董珠

22, 23的花朵刺繡方式

縫上古董珠　←　緞面繡　←　輪廓繡

先繡好輪廓繡之後再繡緞面繡，藉此增添分量

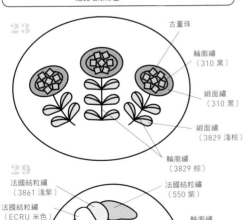

23

古董珠
輪廓繡（310 黑）
緞面繡（310 黑）
緞面繡（3829 淺棕）
輪廓繡（3829 棕）

29

法國結粒繡（3861 淺紫）
法國結粒繡（ECRU 米色）
法國結粒繡（550 紫）
輪廓繡（522 綠）
緞面繡（522 綠）
輪廓繡（524 淺綠）

22, 23

髮圈
髮圈配件組的背面配件
打一個結

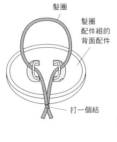

29

髮圈
打一個結
包扣配件組的下鈕扣

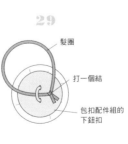

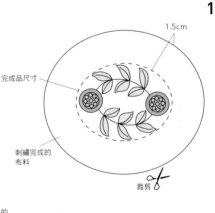

1

1.5cm
完成品尺寸
刺繡完成的布料
裁剪

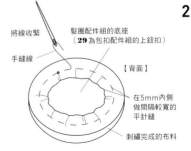

2

將線收緊
手縫線
髮圈配件組的底座（**29**為包扣配件組的上鈕扣）
【背面】
在5mm內側做間隔較寬的平針縫
刺繡完成的布料

【製作方式】 製作方式以 **24** 為例解說

1 將圖案描繪在布料上並進行刺繡,周圍加上縫份1.5cm之後裁剪布料。

2 以手縫線在周圍做間隔較寬的平針縫,包覆在包扣配件組上並將線收緊,打結固定。

3 將皮革修剪成比作品小2mm,縫上別針用金屬配件後,黏貼在步驟**2**的作品背面。

【材料】

24
DMC 25號繡線
　317(深灰)、783(芥子色) —— 各適量
25
DMC 25號繡線
　796(深藍)、832(黃土色) —— 各適量
26
DMC 25號繡線
　317(深灰)、321(紅) —— 各適量
27
DMC 25號繡線
　414(灰)、904(綠) —— 各適量
28
DMC 25號繡線
　218(紫紅)、414(灰) —— 各適量
共通
古董珠(金) —— 約19個
捷克珠(方形・6×6mm・金) —— 1個
棉麻布(米色) —— 15×15cm
皮革(米黃) —— 5×5cm
別針用配件(2cm・銀) —— 1個
包扣配件組(直徑3.5cm) —— 1個
手縫線(60號・米色) —— 適量

SIZE　直徑3.5cm

使用工具

基本工具(P.72)／黏膠

1

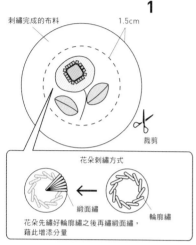

刺繡完成的布料　　1.5cm

裁剪

花朵刺繡方式

緞面繡　　輪廓繡

花朵先繡好輪廓繡之後再繡緞面繡,藉此增添分量

2

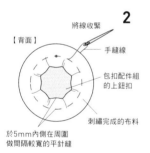

將線收緊
手縫線
【背面】
包扣配件組的上鈕扣
刺繡完成的布料
於5mm內側在周圍做間隔較寬的平針縫

3

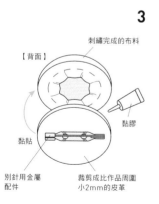

刺繡完成的布料
【背面】
黏膠
黏貼
別針用金屬配件
裁剪成比作品周圍小2mm的皮革

26

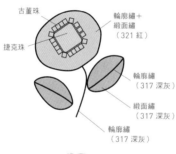

古董珠
捷克珠
輪廓繡+緞面繡(321 紅)
輪廓繡(317 深灰)
緞面繡(317 深灰)
輪廓繡(317 深灰)

27

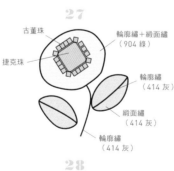

古董珠
捷克珠
輪廓繡+緞面繡(904 綠)
輪廓繡(414 灰)
緞面繡(414 灰)
輪廓繡(414 灰)

28

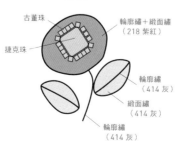

古董珠
捷克珠
輪廓繡+緞面繡(218 紫紅)
輪廓繡(414 灰)
緞面繡(414 灰)
輪廓繡(414 灰)

實際尺寸刺繡圖案

※繡線全部都使用2股線

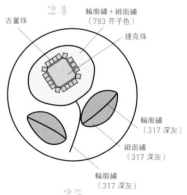

24
古董珠
輪廓繡+緞面繡(783 芥子色)
捷克珠
輪廓繡(317 深灰)
緞面繡(317 深灰)
輪廓繡(317 深灰)

25
古董珠
捷克珠
輪廓繡+緞面繡(796 深藍)
輪廓繡(832 黃土色)
緞面繡(832 黃土色)
輪廓繡(832 黃土色)

白色花朵壁掛裝飾

【製作方式】

1. 將圖案描繪在布料上並進行刺繡，周圍加上1cm之後裁剪布料。
2. 在背面貼上布襯，裁剪成與畫框底板相同尺寸。
3. 在背面貼上雙面膠。
4. 黏貼在與畫框底板相同尺寸的厚紙板上，放進畫框當中。

【材料】

DMC繡線
　317（深灰）、414（灰）、831（棕）、
　937（綠）、3865（白）—————— 各適量
棉麻布（米色）、布襯————— 各15×20cm
厚紙板 ————————————— 9×12.5cm
畫框（外尺寸10×13.5cm）————— 1個

SIZE 長10×寬13.5cm

使用工具

基本工具（P.72）／雙面膠

> **POINT!** 如果沒有相同尺寸的畫框，也可以根據喜好、配合畫框的大小來放大或縮小圖案。
> （推薦縮放在80%～120%左右）

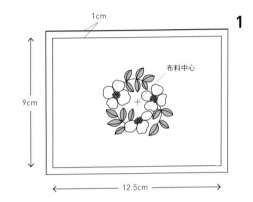

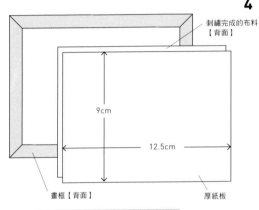

實際尺寸刺繡圖案

※繡線除非特別指定，否則都使用2股線
※法國結粒繡繞2次

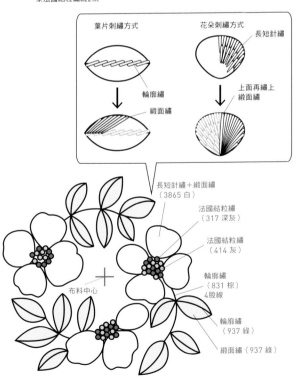

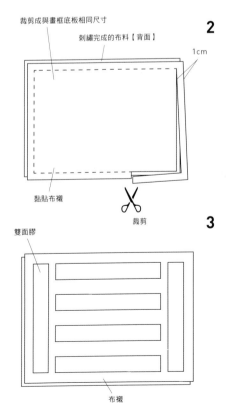

［銀蓮花‧灰色花朵］隨身包

【製作方式】

1 將圖案描繪在前片用的布料上並進行刺繡，在周圍加上縫份1cm後裁剪布料。

2 將後片、內裡用2片布料裁剪成與步驟 1 作品相同尺寸。

3 將刺繡完成的布料與內裡用布料1片的內面朝外對齊，並將拉鍊夾在中間縫好。拉鍊的另一邊也與後片及另1片內裡用布料內面朝外縫合。

4 將前後片與兩片內裡布料的內面朝外對齊，留下翻面用口後，將周圍縫合。此時拉鍊要打開一半。

5 將四角的三角形裁掉，自翻面用口翻回正面之後將其縫合。（➔參考P.89拉鍊包製作方式）

【材料】

30
DMC羊毛繡線
7127（紅）、7396（綠）、ECRU（米色）、
NOIR（黑）────────────各適量
較厚的棉布（米色）、內裡用緞布
────────────────各40×30cm
拉鍊（22cm‧米黃）────────1條
手縫線（60號‧米色）───────適量

31
DMC 25號繡線
844（深灰）、3866（白）──────各適量
DMC羊毛繡線
7127（紅）、7626（深灰）─────各適量
捷克珠（3mm‧金）────────約30個
較厚的羊毛布（灰）、內裡用緞布
────────────────各35×25cm
拉鍊（18cm‧米黃）────────1條
手縫線（60號‧灰）────────適量

SIZE　長16×寬24cm

SIZE　長14×寬19cm

使用工具

基本工具（P.72）

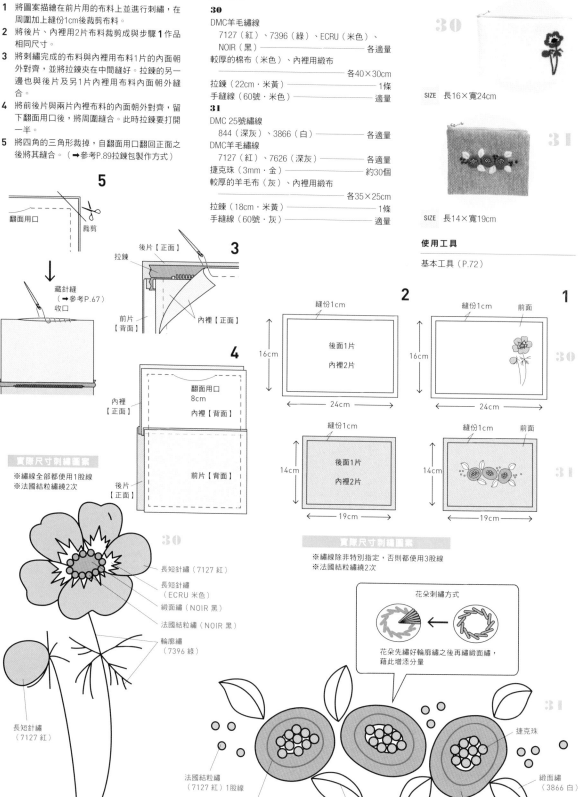

實際尺寸刺繡圖案
※繡線全部都使用1股線
※法國結粒繡繞2次

長短針繡（7127 紅）
長短針繡（ECRU 米色）
緞面繡（NOIR 黑）
法國結粒繡（NOIR 黑）
輪廓繡（7396 綠）
長短針繡（7127 紅）

實際尺寸刺繡圖案
※繡線除非特別指定，否則都使用3股線
※法國結粒繡繞2次

花朵刺繡方式
花朵先繡好輪廓繡之後再繡緞面繡，藉此增添分量

捷克珠
緞面繡（3866 白）
法國結粒繡（7127 紅）1股線
輪廓繡（844 深灰）
輪廓繡（3866 白）
緞面繡（7626 深灰）1股線

［花朵線條刺繡・花與蝴蝶結・鈴蘭線條刺繡］手帕

【製作方式】 製作方式以 **34** 為例解說

1 將布料裁剪好，周圍加上5mm後，各自三折以縫紉機收邊。

2 將圖案描繪在布料上並進行刺繡。

P O I N T !

若為手縫收邊，則三折後使用手縫線（60號）以垂直縫（➡參考P.67）收邊。

【材料】

33
DMC 25號繡線
210（紫）、963（淺粉紅）、964（薄荷綠）、
3354（粉紅）、3760（藍）、
3823（奶油色）、967（淺橘）、
3866（米色） —————— 各適量
DMC金屬繡線
E168（銀） —————— 適量
棉布（粉紅條紋） —————— 36×36cm

34
DMC 25號繡線
18（黃）、554（紫）、369（綠）、
603（粉紅）、819（淺粉紅）、
3341（鮭魚粉紅）、3706（珊瑚粉紅）、
3811（水色）、3827（黃）、BLANC（白）
—————— 各適量
棉布（米黃條紋） —————— 36×36cm

36
DMC 25號繡線
993（綠）、BLANC（白）—————— 各適量
棉布（薄荷綠） —————— 36×36cm

共通
車縫線（60號・粉紅、米黃、薄荷綠）
—————— 各適量

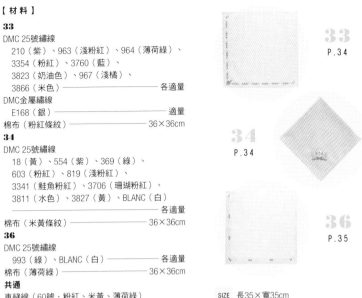

33 P.34

34 P.34

36 P.35

SIZE 長35×寬35cm

使用工具

基本工具（P.72）／縫紉機

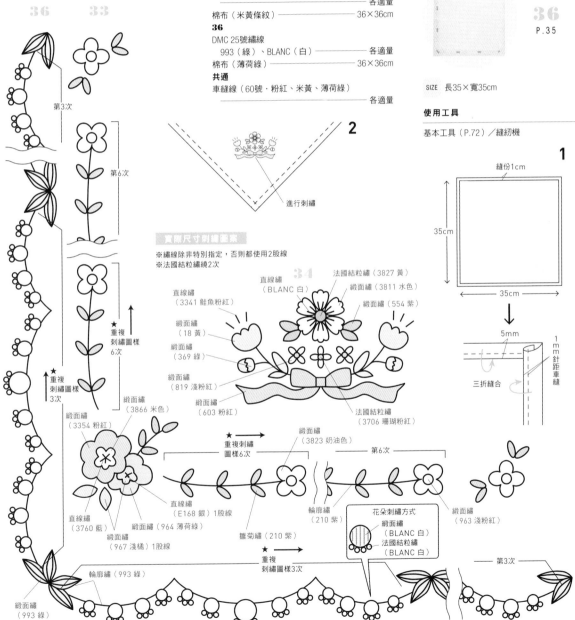

縫份1cm

35cm

35cm

5mm

三折縫合

1mm針距車縫

進行刺繡

實際尺寸刺繡圖案

※繡線除非特別指定，否則都使用2股線
※法國結粒繡繞2次

36 33

第3次

第6次

★重複刺繡圖樣6次

★重複圖樣3次

緞面繡（3866 米色）

緞面繡（3354 粉紅）

直線繡（3760 藍）

緞面繡（967 淺橘）1股線

緞面繡（964 薄荷綠）

直線繡（E168 銀）1股線

雛菊繡（210 紫）

★重複刺繡圖樣6次

第6次

★重複刺繡圖樣3次

輪廓繡（993 綠）

緞面繡（993 綠）

34

直線繡（BLANC 白）

直線繡（3341 鮭魚粉紅）

緞面繡（18 黃）

緞面繡（369 綠）

緞面繡（819 淺粉紅）

緞面繡（603 粉紅）

法國結粒繡（3827 黃）

緞面繡（3811 水色）

緞面繡（554 紫）

法國結粒繡（3706 珊瑚粉紅）

緞面繡（3823 奶油色）

輪廓繡（210 紫）

花朵刺繡方式
緞面繡（BLANC 白）
法國結粒繡（BLANC 白）

緞面繡（963 淺粉紅）

第3次

小花圖樣拉鍊包

【 製作方式 】

1 將圖案描繪在前片用棉布上並進行刺繡，在周圍加上縫份以後裁剪布料。將後片1片及內裡2片布料也都裁剪成相同尺寸。
2 將前片與後片以熨斗貼上附膠棉襯。
3 將前片與後片及拉鍊縫合。
4 將前片與後片的內面朝外對齊，拉鍊打開一半後將周圍縫合，並翻回正面。
5 將內裡的內面朝外對齊後縫成袋狀。
6 將內裡放進步驟 4 的作品當中，以垂直縫（➡ 參考P.67）與拉鍊縫在一起。

【 材 料 】

DMC 25號繡線
　211（淺紫）、957（粉紅）、
　964（薄荷綠）、ECRU（米色）————各適量
棉布（淺粉紅條紋）、內裡用棉布、
　　附膠棉襯————————————————各35×15cm
拉鍊（12cm・米黃）————————————1條
手縫線（60號・米黃）————————————適量

SIZE　長8.5×寬13cm

使用工具

基本工具（P.72）

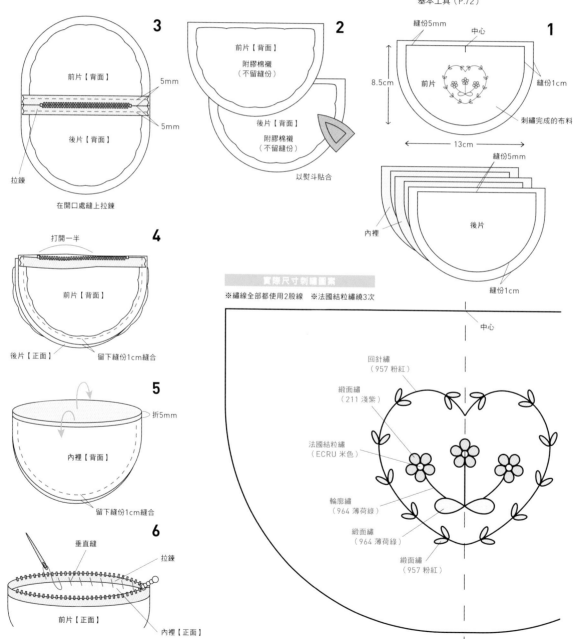

3
前片【背面】
後片【背面】
拉鍊
5mm
5mm
在開口處縫上拉鍊

2
前片【背面】
附膠棉襯
（不留縫份）
後片【背面】
附膠棉襯
（不留縫份）
以熨斗貼合

1
縫份5mm
中心
8.5cm
前片
縫份1cm
刺繡完成的布料
13cm
縫份5mm
內裡
後片
縫份1cm

4
打開一半
前片【背面】
後片【正面】
留下縫份1cm縫合

5
折5mm
內裡【背面】
留下縫份1cm縫合

實際尺寸刺繡圖案
※繡線全部都使用2股線　※法國結粒繡繞3次

中心
回針繡
（957 粉紅）
緞面繡
（211 淺紫）
法國結粒繡
（ECRU 米色）
輪廓繡
（964 薄荷綠）
緞面繡
（964 薄荷綠）
緞面繡
（957 粉紅）

6
垂直縫
拉鍊
前片【正面】
內裡【正面】

[金色花朵·銀色花朵] 別針

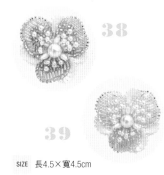

【 製作方式 】 製作方式以 **39** 為例解說

1　將圖案描繪在歐根紗上，以圓形刺繡（➔參考 P.83）固定特小珠，並在花瓣外圍以連續刺繡（➔參考P.82）縫上小圓珠以及珍珠仿珠（2mm）。

2　以連續刺繡（➔參考P.84）縫上亮片。

3　如圖示固定管珠及珍珠仿珠（3mm）。

4　以交替且方向隨機的小圓珠和特小珠填滿花瓣。

5　在中心固定珍珠仿珠（8mm），另外再以放射狀縫上珍珠仿珠（棗形）＋小圓珠、2個管珠＋珍珠仿珠（2mm）。

6　在歐根紗的背面貼上布用雙面膠，裁剪成比刺繡部分大6mm，間隔固定距離剪開來並折到後方。

7　在步驟 **6** 的作品後面貼上背膠式不織布，並沿著步驟 **6** 的作品邊緣裁剪下來。將皮革裁剪成與步驟 **6** 作品相同尺寸，以手縫線固定好別針用金屬配件後，使用黏膠黏合。

【 材料 】

38
小圓珠（金）───────────約130個

39
小圓珠（銀）───────────約130個

共通
特小珠（米色）──────────約80個
管珠（3mm·銀）───────────40個
珍珠仿珠（8mm·白）──────────1個
珍珠仿珠（3mm·白）─────────14個
珍珠仿珠（2mm·白）────────約30個
珍珠仿珠（棗形·3×6mm·白）───────3個
亮片（龜甲形·5mm·白）──────約25個
歐根紗（米色）──────────15×15cm
別針用金屬配件（3.5cm·銀）────────1個
背膠式不織布（白）、皮革（米色）
　　　　　　　　　　　　　　各5×5cm
手縫線（米色）───────────適量

SIZE　長4.5×寬4.5cm

使用工具

基本工具（P.72）／黏膠／布用雙面膠

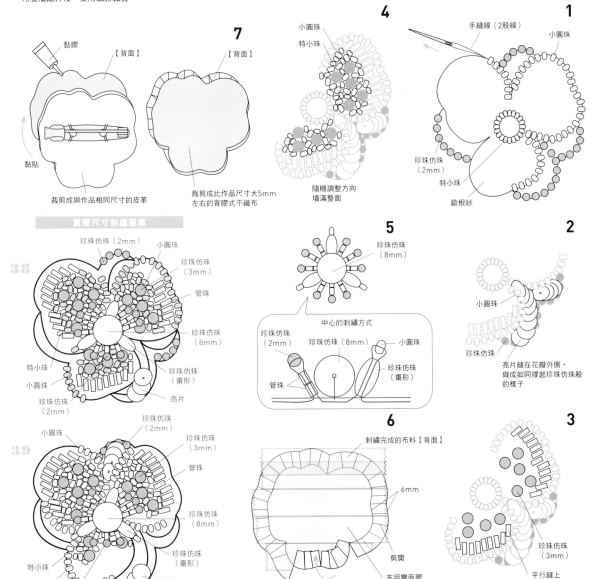

7

黏膠
【背面】
黏貼
裁剪成與作品相同尺寸的皮革

【背面】
裁剪成比作品尺寸大5mm左右的背膠式不織布

4
小圓珠
特小珠
隨機調整方向填滿整面

1
手縫線（2股線）
小圓珠
珍珠仿珠（2mm）
特小珠
歐根紗

實際尺寸刺繡圖案

38
珍珠仿珠（2mm）
小圓珠
珍珠仿珠（3mm）
管珠
珍珠仿珠（8mm）
特小珠
小圓珠
珍珠仿珠（棗形）
珍珠仿珠（2mm）
亮片

5
珍珠仿珠（8mm）
中心的刺繡方式
珍珠仿珠（2mm）　珍珠仿珠（8mm）　小圓珠
管珠　　　　　　　　　　　　珍珠仿珠（棗形）

2
小圓珠
珍珠仿珠
亮片縫在花瓣外側，做成如同撐起珍珠仿珠般的樣子

39
小圓珠
珍珠仿珠（2mm）
珍珠仿珠（3mm）
管珠
珍珠仿珠（8mm）
特小珠
小圓珠
珍珠仿珠（棗形）
珍珠仿珠（2mm）
亮片

6
刺繡完成的布料【背面】
6mm
剪開
布用雙面膠
反折

3
珍珠仿珠（3mm）
平行縫上管珠

成熟圖樣珠花包

【製作方式】

1 在麻布的背後貼上布襯，描繪好圖案。繡上緞面繡、鎖鍊繡，並於鎖鍊繡上縫上珍珠仿珠（2mm）。

2 將9個亮片（5mm）以圓形刺繡（➡參考P.84）固定好之後，在中心縫上珍珠仿珠（3mm）。

3 中心的花朵，把珍珠仿珠（2mm）縫在線上固定。

4 中心的花朵周圍、左右花朵的外側，以亮片的連續刺繡（➡參考P.84）縫上亮片，並以特小珠的連續刺繡（➡參考P.82）固定特小珠。另外縫上平底鑽、珍珠仿珠（棗形）與小圓珠。

5 在周圍加上縫份1cm以後裁剪布料，後片用布與內裡用布裁剪成相同尺寸。

6 刺繡完成的布料與1片內裡布料的內面朝外對齊後，夾住拉鍊縫合。

7 一樣在拉鍊的另一邊縫上內面朝外對齊的後片布料及內裡布料。

8 將前後片及2片內裡布料的內面朝外對齊，留下翻面用口後，將周圍縫合。此時拉鍊要打開一半。

9 自翻面用口將作品翻回正面，並以藏針縫（➡參考P.67）將翻面用口收合。

【材料】

DMC金屬繡線
　E168（銀）、E3852（金）────各適量
特小珠（白）────────────162個
小圓珠（金）────────────18個
珍珠仿珠（2mm・白）─────── 84個
珍珠仿珠（3mm・白）─────── 8個
珍珠仿珠（棗形・3×6mm・白）── 18個
亮片（龜甲形・4mm・金）───約180個
亮片（龜甲形・5mm・白）────72個
平底鑽（6mm・透明）─────── 3個
平底鑽（水滴形・4×6mm・透明）─2個
麻布（米色）、內裡用棉布（米色）、
　布襯────────────各55×25cm
拉鍊（16cm・米黃）──────── 1條
手縫線（60號・米色）──────適量

SIZE　長15×寬17.5cm

使用工具

基本工具（P.72）

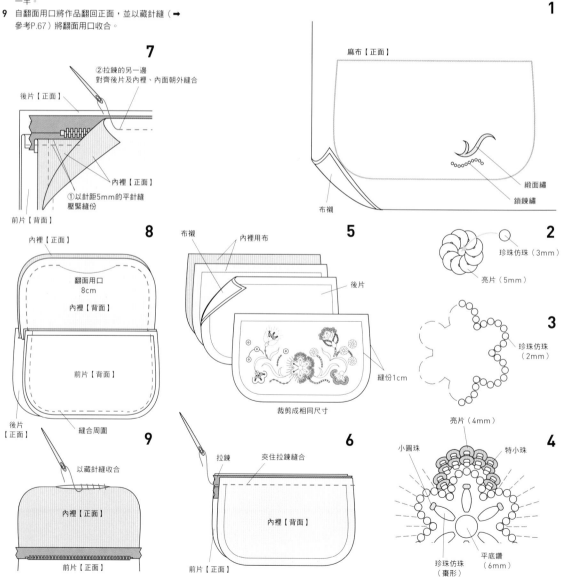

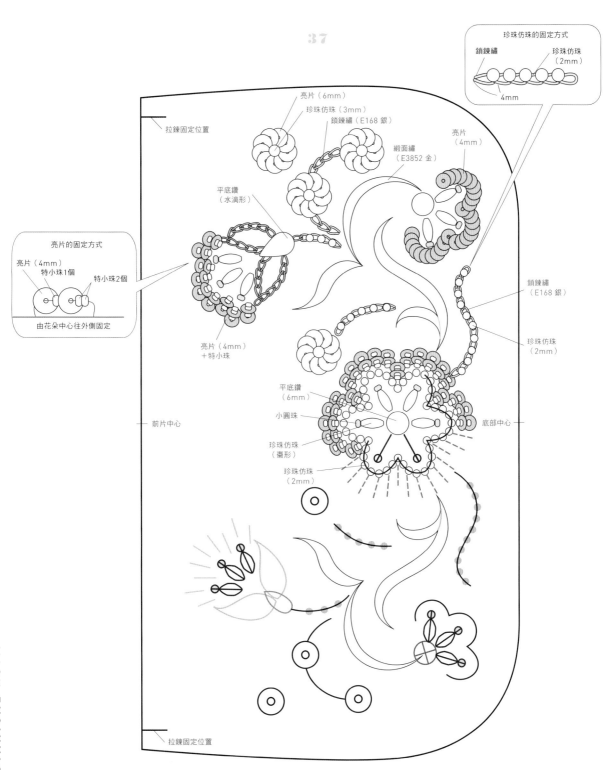

37

珍珠仿珠的固定方式

鎖鍊繡　　　　　　珍珠仿珠
　　　　　　　　　（2mm）

4mm

亮片（6mm）

珍珠仿珠（3mm）

鎖鍊繡（E168 銀）

緞面繡
（E3852 金）

亮片
（4mm）

拉鍊固定位置

平底鑽
（水滴形）

亮片的固定方式

亮片（4mm）1個

特小珠1個　　特小珠2個

由花朵中心往外側固定

亮片（4mm）
＋特小珠

鎖鍊繡
（E168 銀）

珍珠仿珠
（2mm）

前片中心

平底鑽
（6mm）

小圓珠

珍珠仿珠
（棗形）

珍珠仿珠
（2mm）

底部中心

拉鍊固定位置

小花圖樣圓形小包

【製作方式】

1. 將圖案描繪在前片用棉布上,縫上珠子與亮片。加上縫份8mm後裁剪布料。
2. 在後片用棉布1片、內裡用棉布2片、厚度用表布及裡布各1片都加上縫份8mm後裁剪好。
3. 將前片、後片及厚度用內裡布,與相同尺寸的棉襯做固定。
4. 厚度用表布及裡布內面朝外對齊後,夾著拉鍊縫合,使其成為圓圈狀。
5. 將厚度用布及前後片的內面朝外對齊後先假固定,包上滾邊緞帶之後再將周圍縫合。此時要將拉鍊打開一半。
6. 將滾邊緞帶的縫份翻下,以垂直縫(➡參考P.67)固定。

【材 料】

小圓珠(黃)	12個
切面珠(黑)	68個
珍珠仿珠(3mm・白)	9個
亮片(花形・5mm・白)	80個
亮片(龜甲形・4mm・水色)	72個
亮片(圓平形・4mm・粉紅)	108個
棉布(淺紫)、內裡用棉布(米色)、棉襯	
	各35×20cm
拉鍊(20cm・白)	1條
滾邊緞帶(兩折・18mm・米色)	85cm
手縫線(60號・白)	適量

SIZE 直徑11cm

使用工具

基本工具(P.72)

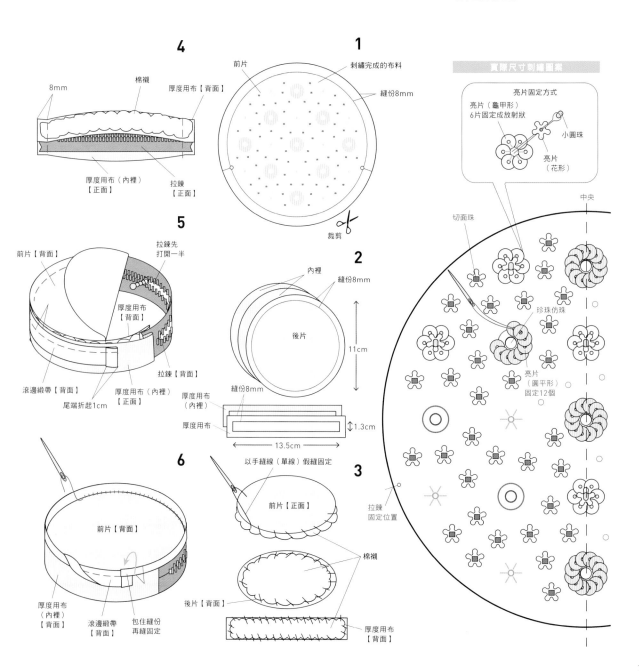

4

8mm 棉襯 厚度用布【背面】

厚度用布(內裡)【正面】 拉鍊【正面】

1

前片 刺繡完成的布料
縫份8mm

裁剪

5

前片【背面】
拉鍊先打開一半
厚度用布【背面】
厚度用布【背面】
拉鍊【背面】
滾邊緞帶【背面】
尾端折起1cm
厚度用布(內裡)【正面】

2

內裡
縫份8mm
後片
11cm
縫份8mm
厚度用布(內裡)
厚度用布
1.3cm
13.5cm

6

前片【背面】
以手縫線(單線)假縫固定

3

前片【正面】
棉襯
後片【背面】
厚度用布【背面】

拉鍊固定位置

厚度用布(內裡)【背面】
滾邊緞帶【背面】
包住縫份再縫固定

實際尺寸刺繡圖案

亮片固定方式
亮片(龜甲形)6片固定成放射狀
小圓珠
亮片(花形)

中央

切面珠

珍珠仿珠

亮片(圓平形)固定12個

亮片花朵髮叉

【製作方式】

1 將圖案描繪在歐根紗上，以手縫線固定好珠子
   及亮片。上下加上折份8mm之後裁剪布料。
2 將上下折到背面，把平織布緞帶裁剪13cm下
   來，以垂直縫（➡參考P.67）固定在背面。
3 將左右兩端折往背面中間接合，以針距5mm的
   平針將碰頭處縫合。
4 將裁剪成6cm的平織布緞帶，以垂直縫固定在
   作品上。
5 將平織布緞帶縫在髮叉用金屬配件上。
6 將平織布緞帶繞作品一圈，並往內折1cm後以
   垂直縫固定。

【材料】

小圓珠（黃）	10個
切面珠（黑）	12個
珍珠仿珠（3mm・白）	10個
亮片（花形・5mm・白）	22個
亮片（龜甲・4mm・綠）	60個
亮片（圓平・4mm・藍）	120個
歐根紗（米色）	20×15cm
平織布緞帶（15mm・淺灰）	19cm
髮梳用金屬配件（37×40mm・銀）	1個
手縫線（60號・白）	適量

SIZE 圖樣 長2.5×寬7cm

使用工具

基本工具（P.72）

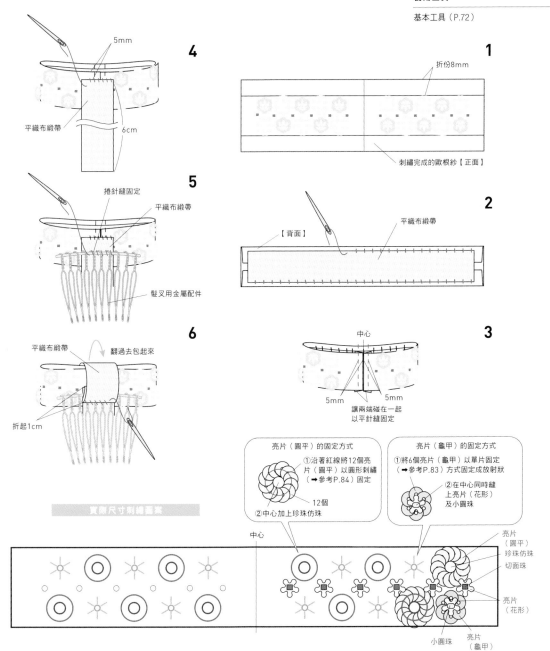

4

5mm

平織布緞帶

6cm

1

折份8mm

刺繡完成的歐根紗【正面】

5

捲針縫固定

平織布緞帶

髮叉用金屬配件

2

【背面】

平織布緞帶

6

平織布緞帶

翻過去包起來

折起1cm

3

中心

5mm   5mm

讓兩端碰在一起
以平針縫固定

亮片（圓平）的固定方式

①沿著紅線將12個亮
片（圓平）以圓形刺繡
（➡參考P.84）固定

12個

②中心加上珍珠仿珠

亮片（龜甲）的固定方式

①將6個亮片（龜甲）以單片固定
（➡參考P.83）方式固定成放射狀

②在中心同時縫
上亮片（花形）
及小圓珠

實際尺寸刺繡圖案

中心

亮片
（圓平）
珍珠仿珠
切面珠

亮片
（花形）

小圓珠

亮片
（龜甲）

實際尺寸刺繡圖案

※請放大200％使用
※繡線除非特別指定，否則都使用2股線
※法國結粒繡繞2次

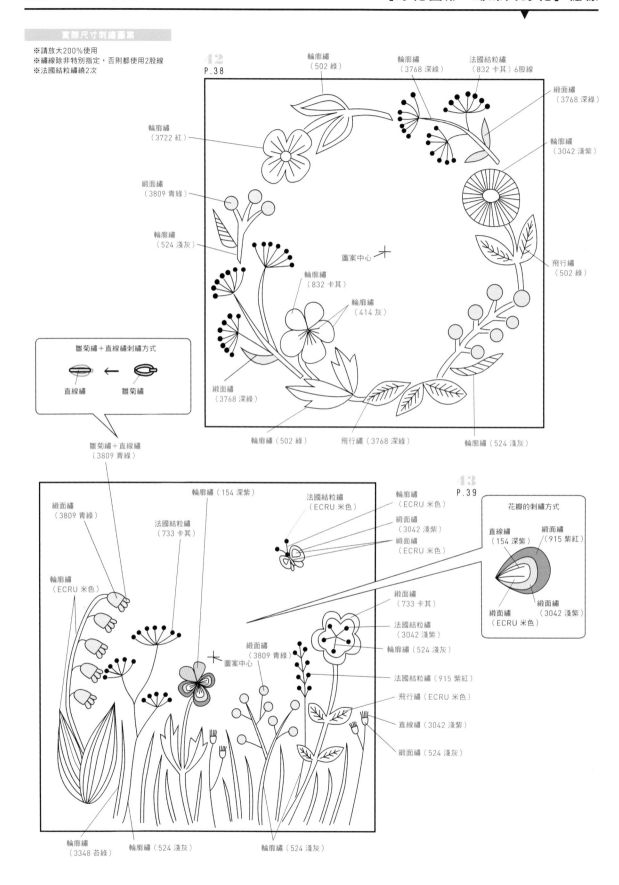

42
P.38

輪廓繡
（502 綠）

輪廓繡
（3768 深綠）

法國結粒繡
（832 卡其）6股線

緞面繡
（3768 深綠）

輪廓繡
（3042 淺紫）

輪廓繡
（3722 紅）

緞面繡
（3809 青綠）

輪廓繡
（524 淺灰）

圖案中心

輪廓繡
（832 卡其）

輪廓繡
（414 灰）

飛行繡
（502 綠）

雛菊繡＋直線繡刺繡方式

直線繡 ← 雛菊繡

雛菊繡＋直線繡
（3809 青綠）

緞面繡
（3768 深綠）

輪廓繡（502 綠）

飛行繡（3768 深綠）

輪廓繡（524 淺灰）

緞面繡
（3809 青綠）

輪廓繡（154 深紫）

法國結粒繡
（ECRU 米色）

輪廓繡
（ECRU 米色）

43
P.39

緞面繡
（3042 淺紫）

緞面繡
（ECRU 米色）

花瓣的刺繡方式

法國結粒繡
（733 卡其）

直線繡
（154 深紫）

緞面繡
（915 紫紅）

輪廓繡
（ECRU 米色）

緞面繡
（733 卡其）

法國結粒繡
（3042 淺紫）

輪廓繡（524 淺灰）

緞面繡
（3809 青綠）

圖案中心

緞面繡
（ECRU 米色）

緞面繡
（3042 淺紫）

法國結粒繡（915 紫紅）

飛行繡（ECRU 米色）

直線繡（3042 淺紫）

緞面繡（524 淺灰）

輪廓繡
（3348 苔綠）

輪廓繡（524 淺灰）

輪廓繡（524 淺灰）

［黑色柴犬・棕色柴犬］耳針

【製作方式】製作方式以 01 為例解說

1. 將圖案描繪在布料上，分別將眼、鼻、口的部分繡好，臉上緞面繡的方向則參考圖示刺繡。
2. 刺繡收邊則使用車縫線在輪廓上繡回針繡。
3. 周圍加上5mm的折份後裁剪布料，間隔固定距離剪開。
4. 將折份塗好黏膠，以牙籤將其貼到背面。
5. 將不織布裁剪成與完成品尺寸相同大小，以錐子在中間打洞後黏貼耳針用金屬配件，再黏貼到步驟 4 的作品背面。

【材料】

01
DMC 25號繡線
310（黑）、535（灰）、892（粉紅）、
3779（淺粉紅）、3827（米黃）、3865（白）
────────────────各適量
不織布（棕）───────────5×3cm
車縫線（90號・黑）──────────適量

02
DMC 25號繡線
310（黑）、451（淺棕）、535（灰）、
892（粉紅）、3827（米黃）、3865（白）
────────────────各適量
不織布（白）───────────5×3cm
車縫線（90號・棕）──────────適量

共通
棉布（白）───────────15×15cm
耳針用金屬配件（耳釘式・銀）──────1組

SIZE 長1.7×寬1.5cm

使用工具

基本工具（P.72）／黏膠／牙籤

POINT!

如果覺得圖案太小而非常困難的話，可以各自放大到覺得容易製作的大小。

緞面繡的方向

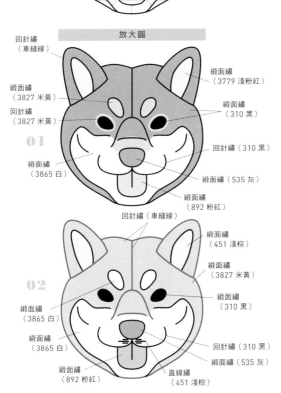

放大圖

回針繡（車縫線）

緞面繡（3827 米黃）
回針繡（3827 米黃）

緞面繡（3779 淺粉紅）
緞面繡（310 黑）
回針繡（310 黑）
緞面繡（535 灰）
緞面繡（892 粉紅）
緞面繡（3865 白）

01

回針繡（車縫線）

緞面繡（451 淺棕）
緞面繡（3827 米黃）
緞面繡（310 黑）
回針繡（310 黑）
緞面繡（535 灰）
直線繡（451 淺棕）

緞面繡（3865 白）
緞面繡（3865 白）
緞面繡（892 粉紅）

02

實際尺寸刺繡圖案

※繡線全部都使用1股線
※另一只也以相同方式完成

02　01

4

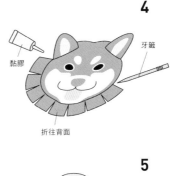

牙籤
黏膠
折往背面

5

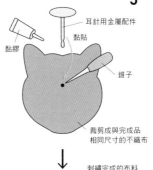

黏膠

耳針用金屬配件
黏貼
錐子

裁剪成與完成品相同尺寸的不織布

↓

刺繡完成的布料

黏膠

黏貼

不織布

耳針用金屬配件

1

先繡好眼、鼻、口的部分

2

以車縫線（1股線）繡回針繡作為輪廓線

3

5mm

裁剪布料後間隔固定距離剪開

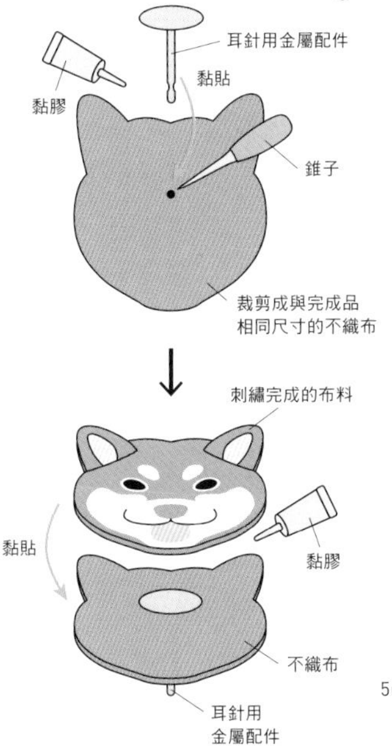

作品頁面 ───→ P.43

［法國鬥牛犬・黑色法國鬥牛犬］耳針

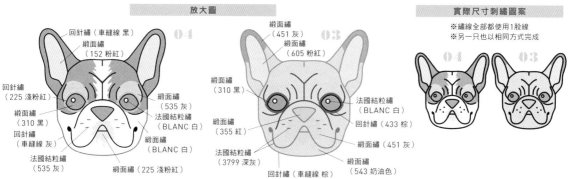

03

04

【製作方式】

1 將圖案描繪在布料上，先繡好眼、鼻、口的部分，臉則參考緞面繡方向的圖示刺繡。最後配合臉部顏色以車縫線繡回針繡作為輪廓線。

2 與P.141的步驟 **3～5** 相同，將作品製作成耳針。

【材 料】

03

DMC 25號繡線

310（黑）、355（紅）、433（棕）、451（灰）、543（奶油色）、605（粉紅）、3799（深灰）、BLANC（白）────各適量

車縫線（90號・棕）────────適量

04

DMC 25號繡線

152（粉紅）、225（淺粉紅）、310（黑）、535（灰）、BLANC（白）────各適量

車縫線（90號・黑、灰）────各適量

共通

棉布（白）────────15×15cm

不織布（棕）────────5×3cm

耳針用金屬配件（耳釘式・銀）────1組

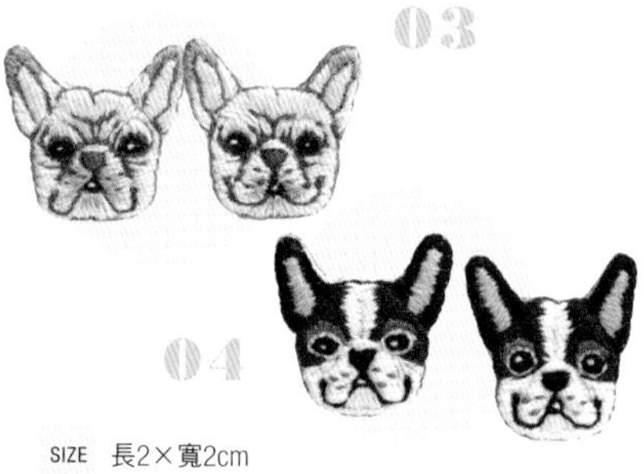

SIZE 長2×寬2cm

使用工具

基本工具（P.72）／黏膠／牙籤

緞面繡的方向

放大圖

04

回針繡（車縫線 黑）
緞面繡（152 粉紅）
回針繡（225 淺粉紅）
緞面繡（310 黑）
回針繡（車縫線 灰）
法國結粒繡（535 灰）
緞面繡（535 灰）
法國結粒繡（BLANC 白）
緞面繡（BLANC 白）
緞面繡（225 淺粉紅）

03

緞面繡（451 灰）
緞面繡（605 粉紅）
緞面繡（310 黑）
緞面繡（355 紅）
法國結粒繡（3799 深灰）
回針繡（車縫線 棕）
法國結粒繡（BLANC 白）
回針繡（433 棕）
緞面繡（451 灰）
緞面繡（543 奶油色）

實際尺寸刺繡圖案

※繡線全部都使用1股線
※另一只也以相同方式完成

04　03

作品頁面 ───→ P.43

玩具貴賓犬耳針

05

【製作方式】

1 將圖案描繪在布料上，以法國結粒繡繡好和臉部周圍的輪廓，再以法國結粒繡填滿內側。耳朵及其他部分則參考緞面繡方向圖示以緞面繡刺繡，最後以法國結粒繡繡上眼睛和鼻子。

2 與P.141的步驟 **3～5** 相同，將作品製作成耳針。

【材 料】

DMC 25號繡線

310（黑）、435（淺棕）、437（米黃）、632（紅棕）、3031（焦茶）────各適量

棉布（白）────────15×15cm

不織布（棕）────────5×3cm

耳針用金屬配件（耳釘式・銀）────1組

SIZE 長1.4×寬2cm

使用工具

基本工具（P.72）／黏膠／牙籤

放大圖

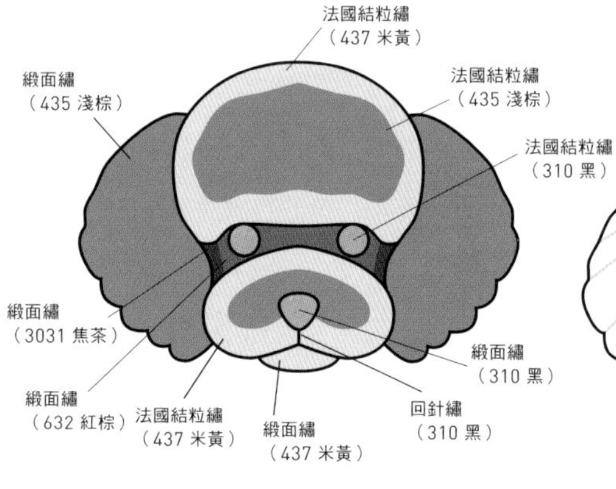

法國結粒繡（437 米黃）
緞面繡（435 淺棕）
法國結粒繡（435 淺棕）
法國結粒繡（310 黑）
緞面繡（3031 焦茶）
緞面繡（632 紅棕）
法國結粒繡（437 米黃）
緞面繡（437 米黃）
回針繡（310 黑）
緞面繡（310 黑）

緞面繡的方向

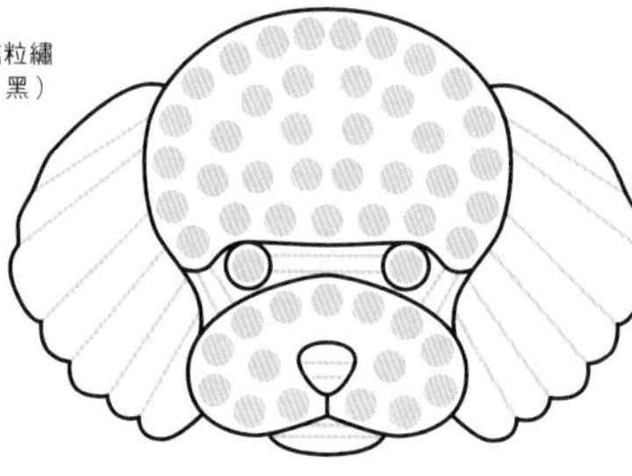

實際尺寸刺繡圖案

※繡線全部都使用1股線
※法國結粒繡繞2次
※另一只也以相同方式完成

作品頁面 ──→ P.44

三花貓別針

【製作方式】

1 將圖案描繪在布料上，先繡好眼、鼻、口的部分，臉部則依照緞面繡方向的圖示刺繡。最後配合臉部的顏色以車縫線繡回針繡作為輪廓線。
2 與P.141的步驟 **3～4** 相同，將折份折往背後。
3 將不織布裁剪成與完成品相同尺寸，以車縫線（棕）將別針用金屬配件縫在不織布上，再將此材料黏貼到步驟 **2** 的作品背面。

【材料】

DMC 25號繡線
310（黑）、402（橘）、451（灰）、
632（紅棕）、842（淺灰）、934（深綠）、
3031（棕）、3326（粉紅）、
3712（深粉紅）、3799（深灰）、
3820（黃）、3865（白）、BLANC（白）、
ECRU（米色）───────── 各適量
DMC金屬繡線
E168（銀）─────────── 適量
車縫線（90號・黑、淺棕、棕）── 各適量
棉布（白）────────── 15×15cm
不織布（棕）───────── 5×5cm
別針用金屬配件（2.5cm・銀）── 1個

SIZE 長4.2×寬4.2cm

使用工具

基本工具（P.72）／黏膠／牙籤

實際尺寸刺繡圖案

※繡線全部都使用1股線
※法國結粒繡繞2次

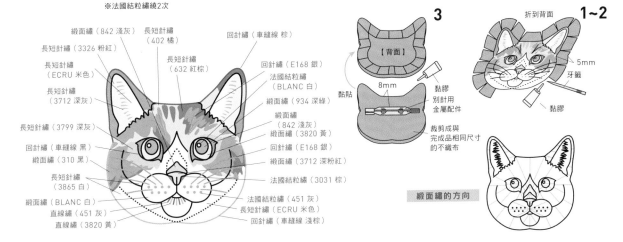

長短針繡（3326 粉紅）
長短針繡（402 橘）
長短針繡（ECRU 米色）
長短針繡（3712 深灰）
緞面繡（842 淺灰）
長短針繡（632 紅棕）
回針繡（車縫線 棕）
長短針繡（3799 深灰）
回針繡（車縫線 黑）
緞面繡（310 黑）
長短針繡（3865 白）
緞面繡（BLANC 白）
直線繡（451 灰）
直線繡（3820 黃）
回針繡（E168 銀）
法國結粒繡（BLANC 白）
緞面繡（934 深綠）
緞面繡（842 淺灰）
緞面繡（3820 黃）
回針繡（E168 銀）
緞面繡（3712 深粉紅）
法國結粒繡（3031 棕）
法國結粒繡（451 灰）
長短針繡（ECRU 米色）
回針繡（車縫線 淺棕）

3
【背面】
黏貼
8mm
黏膠
別針用金屬配件
裁剪成與完成品相同尺寸的不織布

折到背面 1~2
5mm
牙籤
黏膠

緞面繡的方向

作品頁面 ──→ P.44

棕色虎斑貓別針

【製作方式】

1 將圖案描繪在布料上，先繡好眼、鼻、口的部分，臉部則依照緞面繡方向的圖示刺繡。最後配合臉部的顏色以車縫線繡回針繡作為輪廓線。
2 與P.141的步驟 **3～4** 相同，將折份折往背後。
3 與本頁上方的「三花貓別針」步驟 **3** 相同，將不織布裁剪成與完成品相同尺寸，以車縫線（棕）將別針用金屬配件縫在不織布上，再將此材料黏貼到步驟 **2** 的作品背面。

【材料】

06

DMC 25號繡線
355（胭脂）、402（橘）、435（淺棕）、
543（淺灰）、632（紅棕）、712（象牙）、
745（奶油色）、761（粉紅）、
892（深粉紅）、934（深綠）、
3894（黃綠）、BLANC（白）── 各適量
DMC金屬繡線
E168（銀）─────────── 適量
車縫線（90號・棕、淺棕、焦茶）─ 各適量
棉布（白）────────── 15×15cm
不織布（棕）───────── 5×4cm
別針用金屬配件（2.5cm・銀）── 1個

SIZE 長4.2×寬4.2cm

使用工具

基本工具（P.72）／黏膠／牙籤

實際尺寸刺繡圖案

※繡線全部都使用1股線
※法國結粒繡繞2次

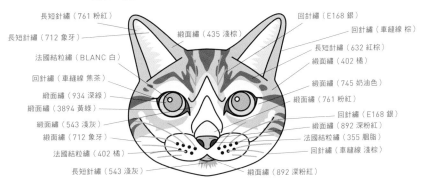

長短針繡（761 粉紅）
長短針繡（712 象牙）
法國結粒繡（BLANC 白）
回針繡（車縫線 焦茶）
緞面繡（934 深綠）
緞面繡（3894 黃綠）
緞面繡（543 淺灰）
緞面繡（712 象牙）
法國結粒繡（402 橘）
長短針繡（543 淺灰）
回針繡（E168 銀）
回針繡（車縫線 棕）
緞面繡（435 淺棕）
長短針繡（632 紅棕）
緞面繡（402 橘）
緞面繡（745 奶油色）
緞面繡（761 粉紅）
回針繡（E168 銀）
緞面繡（892 深粉紅）
法國結粒繡（355 胭脂）
回針繡（車縫線 淺棕）
緞面繡（892 深粉紅）

緞面繡的方向

［紅棕‧藍色］異國短毛貓單耳耳針

【製作方式】 製作方式以 **09** 為例解說

1 將圖案描繪在布料上，先繡好眼、鼻、口的部分，臉部則依照緞面繡方向的圖示刺繡。最後配合臉部的顏色以車縫線繡回針繡作為輪廓線。

2 與P.141的步驟 **3～5** 相同，將作品製作成耳針。

3 等到黏膠完全乾燥以後，再將珍珠仿珠及鈴鐺縫上去。

緞面繡的方向

【材料】

08
DMC 25號繡線
355（紅棕）、435（棕）、745（黃）、
818（淺粉紅）、892（粉紅）、3827（橘）、
3894（黃綠）、BLANC（白）、ECRU（米色）
　　　　　　　　　　　　　　　──── 各適量
車縫線（90號‧棕、焦茶）──────適量

09
DMC 25號繡線
152（粉紅）、311（藍）、317（灰）、
415（淺灰）、934（深綠）、939（暗藍）、
3799（深灰）、3802（胭脂）、
3820（黃）　　　　　　　　──── 各適量
車縫線（90號‧灰）──────適量

共通
珍珠仿珠（1.8mm‧白）──────8個
鈴鐺（5mm‧金）──────1個
棉布（白）──────15×15cm
不織布（白）──────5×3cm
耳針用金屬配件（耳釘式‧銀）──────1個

SIZE　長2.5×寬2cm

使用工具

基本工具（P.72）／黏膠／牙籤

2

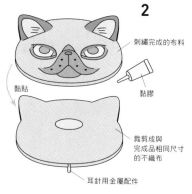

刺繡完成的布料

黏膠

黏貼

裁剪成與完成品相同尺寸的不織布

耳針用金屬配件

1

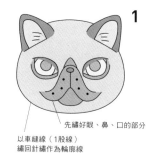

先繡好眼、鼻、口的部分

以車縫線（1股線）繡回針繡作為輪廓線

實際尺寸刺繡圖案

※繡線除非特別指定，否則都使用1股線
※法國結粒繡繞2次

08

09

3

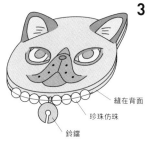

縫在背面

珍珠仿珠

鈴鐺

放大圖

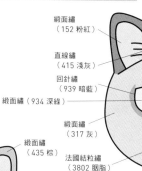
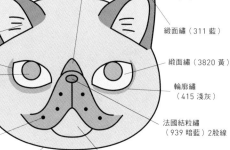

緞面繡（3799 深灰）

緞面繡（152 粉紅）

直線繡（415 淺灰）

回針繡（939 暗藍）

緞面繡（934 深綠）

緞面繡（317 灰）

回針繡（車縫線 灰）

緞面繡（311 藍）

緞面繡（3820 黃）

輪廓繡（415 淺灰）

法國結粒繡（3802 胭脂）

法國結粒繡（939 暗藍）2股線

緞面繡（415 淺灰）

09

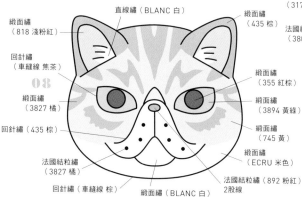

直線繡（BLANC 白）

緞面繡（818 淺粉紅）

回針繡（車縫線 焦茶）

08

緞面繡（3827 橘）

回針繡（435 棕）

法國結粒繡（3827 橘）

回針繡（車縫線 棕）

緞面繡（BLANC 白）

緞面繡（435 棕）

緞面繡（355 紅棕）

緞面繡（3894 黃綠）

緞面繡（745 黃）

緞面繡（ECRU 米色）

法國結粒繡（892 粉紅）2股線

查理斯王騎士犬別針

10

【製作方式】

1 與P.141的步驟**1**～**4**相同，刺繡後將周圍往背後折。

2 將不織布裁剪成與完成品相同尺寸，以車縫線（棕）將別針用金屬配件縫上去後，黏貼到步驟**1**的作品背面。

【材料】

DMC 25號繡線
　225（淺粉紅）、310（黑）、433（紅棕）、
　435（淺棕）、437（米黃）、451（淺灰）、
　632（棕）、712（象牙）、3031（焦茶）、
　3799（深灰）、3865（白）———— 各適量
車縫線（90號・黑、淺棕、棕）———— 各適量
棉布（白）———————————— 15×15cm
不織布（棕）——————————— 10×5cm
別針用金屬配件（2.5cm・銀）——— 1個

SIZE 長4×寬5cm

使用工具

基本工具（P.72）／黏膠／牙籤

實際尺寸刺繡圖案

※繡線除非特別指定，否則都使用1股線

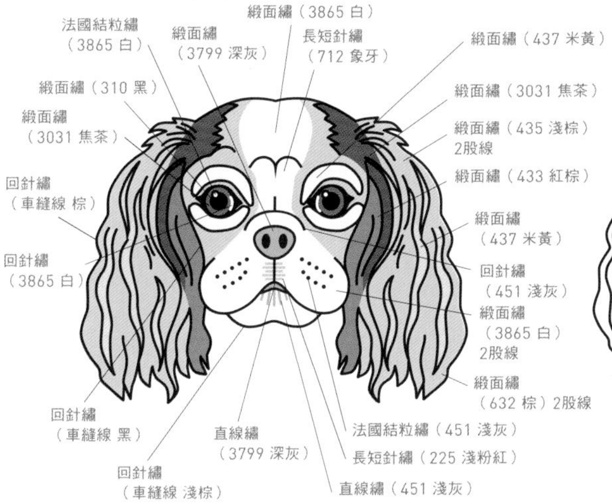

法國結粒繡（3865 白）
緞面繡（3799 深灰）
緞面繡（3865 白）
長短針繡（712 象牙）
緞面繡（310 黑）
緞面繡（3031 焦茶）
緞面繡（437 米黃）
緞面繡（3031 焦茶）
緞面繡（435 淺棕）2股線
緞面繡（433 紅棕）
緞面繡（437 米黃）
回針繡（車縫線 棕）
回針繡（451 淺灰）
回針繡（3865 白）
緞面繡（3865 白）2股線
緞面繡（632 棕）2股線
回針繡（車縫線 黑）
直線繡（3799 深灰）
法國結粒繡（451 淺灰）
長短針繡（225 淺粉紅）
回針繡（車縫線 淺棕）
直線繡（451 淺灰）

緞面繡的方向

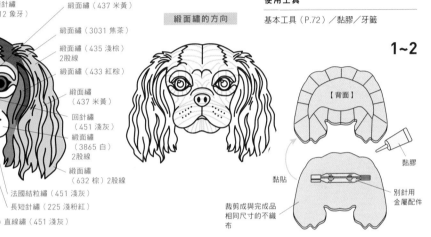

1～2

【背面】

黏膠

黏貼

別針用金屬配件

裁剪成與完成品相同尺寸的不織布

西伯利亞哈士奇耳針

11

【製作方式】

1 將圖案描繪在布料上，先繡好眼、鼻、口的部分，臉部則依照緞面繡方向的圖示刺繡。最後配合臉部的顏色以車縫線繡回針繡作為輪廓線。

2 與P.141的步驟**3**～**5**相同，將作品製作成耳針。

【材料】

DMC 25號繡線
　152（粉紅）、310（黑）、414（灰）、
　598（水色）、3799（深灰）、BLANC（白）
　———————————————— 各適量
車縫線（90號・黑）——————— 適量
棉布（白）——————————— 15×15cm
不織布（白）—————————— 5×3cm
耳針用金屬配件（耳釘式・銀）—— 1組

SIZE 長2×寬1.6cm

使用工具

基本工具（P.72）／黏膠／牙籤

刺繡方向

放大圖

緞面繡（152 粉紅）
緞面繡（3799 深灰）
回針繡（車縫線 黑）
法國結粒繡（310 黑）
緞面繡（598 水色）
長短針繡（BLANC 白）
緞面繡（310 黑）
長短針繡（414 灰）
回針繡（310 黑）

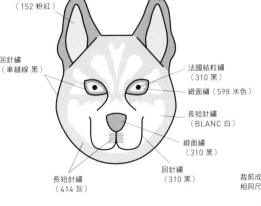

實際尺寸刺繡圖案

※繡線全部都使用1股線
※法國結粒繞2次
※另一只也以相同方式完成

1～2

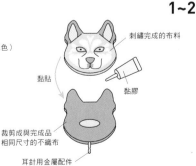

刺繡完成的布料

黏膠

黏貼

裁剪成與完成品相同尺寸的不織布

耳針用金屬配件

【 製作方式 】製作方式以 **12** 為例解說

1 將圖案描繪在不織布（白）上並進行刺繡，周圍加上1cm之後裁剪不織布。

2 將背面用的不織布（黑）裁剪成比完成品尺寸小1mm，割開切口穿進別針用金屬配件，並以黏膠固定。

3 將刺繡完成的布料與步驟**2**的材料黏合。

【 材 料 】

12

DMC 25號繡線
　310（黑）、729（芥子色）、869（棕）、
　3865（白） ─────────── 各適量
不織布（白） ─────────── 15×15cm
不織布（黑） ─────────── 5×4cm
別針用金屬配件（3cm·銀） ─────── 1個

13

DMC 25號繡線
　310（黑）、783（淺棕）、869（棕）、
　3865（白） ─────────── 各適量
不織布（白） ─────────── 15×15cm
不織布（黑） ─────────── 6×5cm
別針用金屬配件（2.5cm·銀） ───── 1個

SIZE　長4.2×寬2.8cm

SIZE　長5.5×寬4.3cm

使用工具

基本工具（P.72）／黏膠

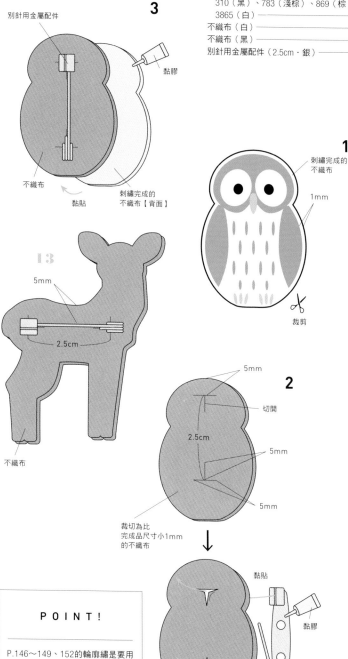

3

別針用金屬配件
黏膠
不織布
黏貼
刺繡完成的
不織布【背面】

13
5mm
2.5cm
不織布

1
刺繡完成的
不織布
1mm
裁剪

2
5mm
切開
2.5cm
5mm
5mm
裁切成比
完成品尺寸小1mm
的不織布

黏貼
黏膠
別針用
金屬配件

POINT!

P.146～149、152的輪廓繡是要用來填滿整面的針法。每條線之間請不要有空隙，要將整個空間填滿。

實際尺寸刺繡圖案

※繡線除非特別指定，否則都使用2股線

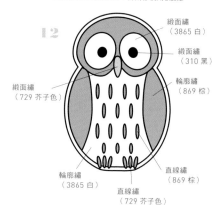

12
緞面繡
（3865 白）
緞面繡
（310 黑）
輪廓繡
（869 棕）
緞面繡
（729 芥子色）
輪廓繡
（3865 白）
直線繡
（869 棕）
直線繡
（729 芥子色）

眼睛的刺繡方式
直線繡
（310 黑）1股線
緞面繡
（310 黑）1股線
回針繡
（783 淺棕）1股線

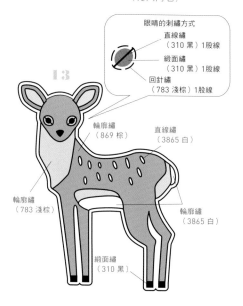

13
輪廓繡
（869 棕）
直線繡
（3865 白）
輪廓繡
（783 淺棕）
輪廓繡
（3865 白）
緞面繡
（310 黑）

【製作方式】 製作方式以 **14** 為例解說

1 將圖案描繪在不織布（白）上並進行刺繡，周圍加上1cm之後裁剪不織布。

2 與P.146的步驟 **2～3** 相同，將作品製成別針。

實際尺寸刺繡圖案

※繡線除非特別指定，否則都使用2股線
※法國結粒繡繞2次

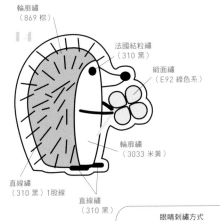

輪廓繡
（869 棕）

14

法國結粒繡
（310 黑）

緞面繡
（E92 綠色系）

輪廓繡
（3033 米黃）

直線繡（310 黑）1股線

直線繡
（310 黑）

直線繡
（310 黑）1股線

15

緞面繡
（869 棕）

輪廓繡
（783 淺棕）

輪廓繡
（869 棕）

捲線繡
（869 棕）

輪廓繡
（3865 白）

眼睛刺繡方式

直線繡
（310 黑）1股線

緞面繡
（310 黑）1股線

回針繡
（783 淺棕）1股線

捲線繡的刺繡方式

4入   繞5次

1出   3入

1入

2入

拉線

拉線之後下針到與2相同的位置

16

緞面繡
（310 黑）

緞面繡
（3866 米色）

緞面繡（310 黑）
1股線

輪廓繡
（3866 米色）

輪廓繡
（729 芥子色）

輪廓繡
（310 黑）

【材 料】

14

DMC 25號繡線
310（黑）、869（棕）、3033（米黃）
　　　　　　　　　　　　　——— 各適量

DMC 25號彩色繡線
E92（綠色系）
不織布（白）——————— 15×15cm
不織布（黑）——————— 5×5cm
別針用金屬配件（2cm・銀）——— 1個

15

DMC 25號繡線
310（黑）、783（淺棕）、869（棕）、
3865（白）——————— 各適量
不織布（白）——————— 15×15cm
不織布（黑）——————— 6×4cm
別針用金屬配件（3cm・銀）——— 1個

16

DMC 25號繡線
310（黑）、729（芥子色）、3866（米色）
　　　　　　　　　　　　　——— 各適量
不織布（白）——————— 15×15cm
不織布（黑）——————— 6×5cm
別針用金屬配件（3cm・銀）——— 1個

14

SIZE　長3.8×寬3.8cm

15

SIZE　長5.5×寬3cm

16

SIZE　長5.5×寬4cm

使用工具

基本工具（P.72）／黏膠

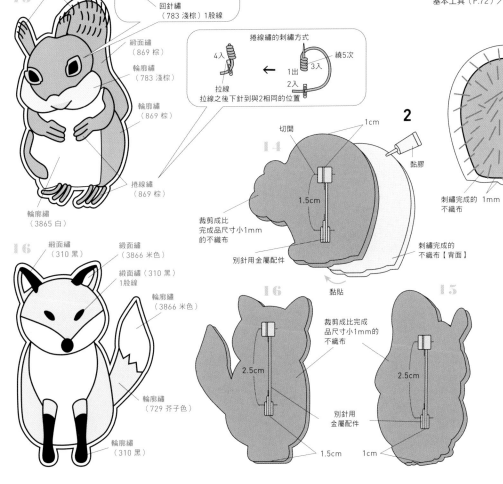

1

刺繡完成的
不織布

1mm

裁剪

2

切開

1cm

黏膠

14

1.5cm

裁剪成比
完成品尺寸小1mm
的不織布

別針用金屬配件

刺繡完成的
不織布【背面】

黏貼

16

2.5cm

1.5cm

裁剪成比完成
品尺寸小1mm的
不織布

別針用
金屬配件

15

2.5cm

1cm

［羊駝・金吉拉］別針

【製作方式】 製作方式以 **17** 為例解說

1 將圖案描繪在不織布（白）上並進行刺繡。
2 與P.146的步驟 **2**～**3** 相同，將作品製作成別針。

【材料】

17
DMC 25號繡線
　310（黑）、422（淺棕）、822（象牙）、
　963（粉紅）、BLANC（白）────各適量
不織布（白）────15×15cm
不織布（黑）────7×5cm
別針用金屬配件（3cm・銀）────1個

18
DMC 25號繡線
　310（黑）、926（藍灰）、963（粉紅）、
　3833（深粉紅）、BLANC（白）────適量
不織布（白）────15×15cm
不織布（黑）────7×5cm
別針用金屬配件（3cm・銀）────1個

17
SIZE 長6.5×寬4.2cm

18
SIZE 長6.8×寬3cm

使用工具

基本工具（P.72）／黏膠

實際尺寸刺繡圖案

※繡線除非特別指定，否則都使用2股線

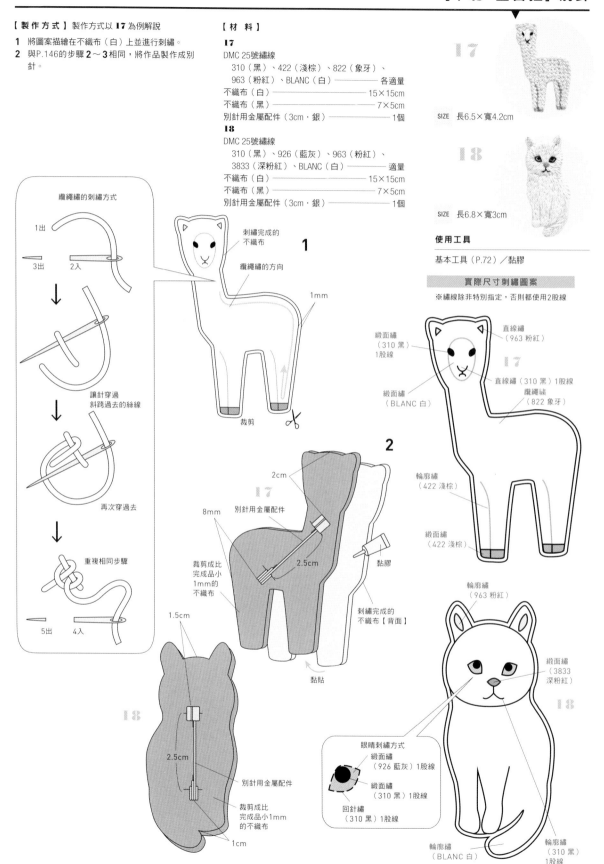

繚繩繡的刺繡方式

1出
3出　2入

讓針穿過
斜跨過去的絲線

再次穿過去

重複相同步驟

5出　4入

刺繡完成的
不織布

繚繩繡的方向

1mm

裁剪

1

17

2cm

8mm

別針用金屬配件

2.5cm

黏膠

裁剪成比
完成品小
1mm的
不織布

刺繡完成的
不織布【背面】

2

黏貼

1.5cm

18

2.5cm

別針用金屬配件

裁剪成比
完成品小1mm
的不織布

1cm

緞面繡
（310 黑）
1股線

直線繡
（963 粉紅）

直線繡（310 黑）1股線

緞面繡
（BLANC 白）

繚繩繡
（822 象牙）

輪廓繡
（422 淺棕）

緞面繡
（422 淺棕）

輪廓繡
（963 粉紅）

緞面繡
（3833
深粉紅）

眼睛刺繡方式
緞面繡
（926 藍灰）1股線

緞面繡
（310 黑）1股線

回針繡
（310 黑）1股線

輪廓繡
（BLANC 白）

輪廓繡
（310 黑）
1股線

【製作方式】製作方式以 **19** 為例解說

1. 將圖案描繪在不織布（白）上並進行刺繡。
2. 與P.146的步驟 **2～3** 相同，將作品製作成別針。

實際尺寸刺繡圖案

眼睛的刺繡方式
緞面繡（310 黑）1股線
緞面繡（772 黃綠）1股線
回針繡（310 黑）1股線

19

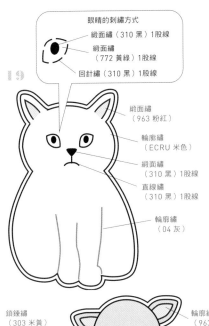

緞面繡（963 粉紅）
輪廓繡（ECRU 米色）
緞面繡（310 黑）1股線
直線繡（310 黑）1股線
輪廓繡（04 灰）

鎖鍊繡（303 米黃）
輪廓繡（963 粉紅）
緞面繡（310 黑）1股線
輪廓繡（3865 白）
直線繡（310 黑）1股線
緞面繡（3865 白）
緞面繡（303 米黃）

20

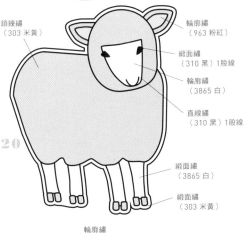

21

輪廓繡（963 粉紅）
輪廓繡（310 黑）1股線
眼睛刺繡方式
直線繡（310 黑）1股線
回針繡（310 黑）1股線
緞面繡（772 黃）1股線
緞面繡（963 粉紅）
輪廓繡（BLANC 白）
輪廓繡（04 灰）
輪廓繡（BLANC 白）

【材料】

19
DMC 25號繡線
　04（灰）、310（黑）、772（黃綠）、
　963（粉紅）、ECRU（米色）──────各適量
不織布（白）──────15×15cm
不織布（黑）──────6×5cm
別針用金屬配件（3cm・銀）──────1個

20
DMC 25號繡線
　303（米黃）、310（黑）、963（粉紅）、
　3865（白）──────各適量
不織布（白）──────15×15cm
不織布（黑）──────6×5cm
別針用金屬配件（3cm・銀）──────1個

21
DMC 25號繡線
　04（灰）、310（黑）、772（黃綠）、
　963（粉紅）、BLANC（白）──────各適量
不織布（白）──────15×15cm
不織布（黑）──────7×5cm
別針用金屬配件（3cm・銀）──────1個

19

SIZE　長5.3×寬3.5cm

20

SIZE　長5.5×寬4.5cm

21

SIZE　長6.2×寬4cm

使用工具

基本工具（P.72）／黏膠

1

刺繡完成的不織布

1mm

裁剪

2

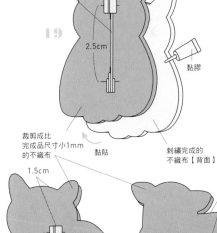

1cm

別針用金屬配件

2.5cm

黏膠

裁剪成比完成品尺寸小1mm的不織布

黏貼

刺繡完成的不織布【背面】

1.5cm

2.5cm

別針用金屬配件

1cm

2.5cm

海鷗隨身包

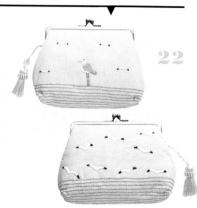

22

【製作方式】

1. 將圖案描繪在棉布上，與棉襯疊在一起之後刺繡，周圍加上1cm縫份後裁剪布料。
2. 由底部中心折起，縫合左右兩邊，折出底部厚度後，以手縫線縫合。
3. 將內裡用布料裁剪成相同大小，一樣縫合。
4. 將步驟2的作品與步驟3的材料內面朝外對齊，留下翻面用口之後將袋口處縫合，翻回正面，袋口處以平針繡（➡參考P.67）縫合。
5. 將口金塗抹黏膠，把步驟4的作品袋口處以錐子塞進口金當中，附屬的紙繩也一樣用錐子壓進去，不可留在表面看得見之處。口金的根部以鉗子夾緊。綁上流蘇。

【材料】

DMC 25號繡線
　169（灰）、310（黑）、312（藍）、
　414（深灰）、728（黃）、869（棕）、
　3863（米黃）、3865（白）———— 各適量
棉布（水色）———————————50×30cm
內裡用棉布（米色）、棉襯 ——各35×25cm
隨身袋口用配件
　（直角形口金・7.5×15.5cm・古銅）——1個
流蘇（附壓克力珠・長7cm・水色）——1個
手縫線（60號・米色）——————適量

SIZE　長13×寬22cm

使用工具

基本工具（P.72）／黏膠／鉗子

3

內裡用布【背面】

兩邊

縫出厚度

1

棉襯

刺繡完成的布料

縫份1cm

4

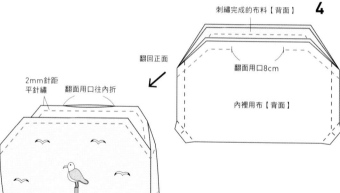

刺繡完成的布料【背面】

翻面用口8cm

內裡用布【背面】

翻回正面

2mm針距平針繡

翻面用口往內折

2

縫到此為止

兩邊

縫合

底部中心

折出底部

5cm

縫出厚度

5

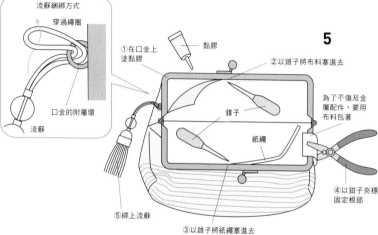

流蘇綑綁方式

穿過繩圈

口金的附屬環

流蘇

①在口金上塗黏膠

黏膠

②以錐子將布料塞進去

錐子

紙繩

為了不傷及金屬配件，要用布料包著

④以鉗子夾穩固定根部

⑤綁上流蘇

③以錐子將紙繩塞進去

實際尺寸刺繡圖案

※繡線除非特別指定，
否則都使用2股線

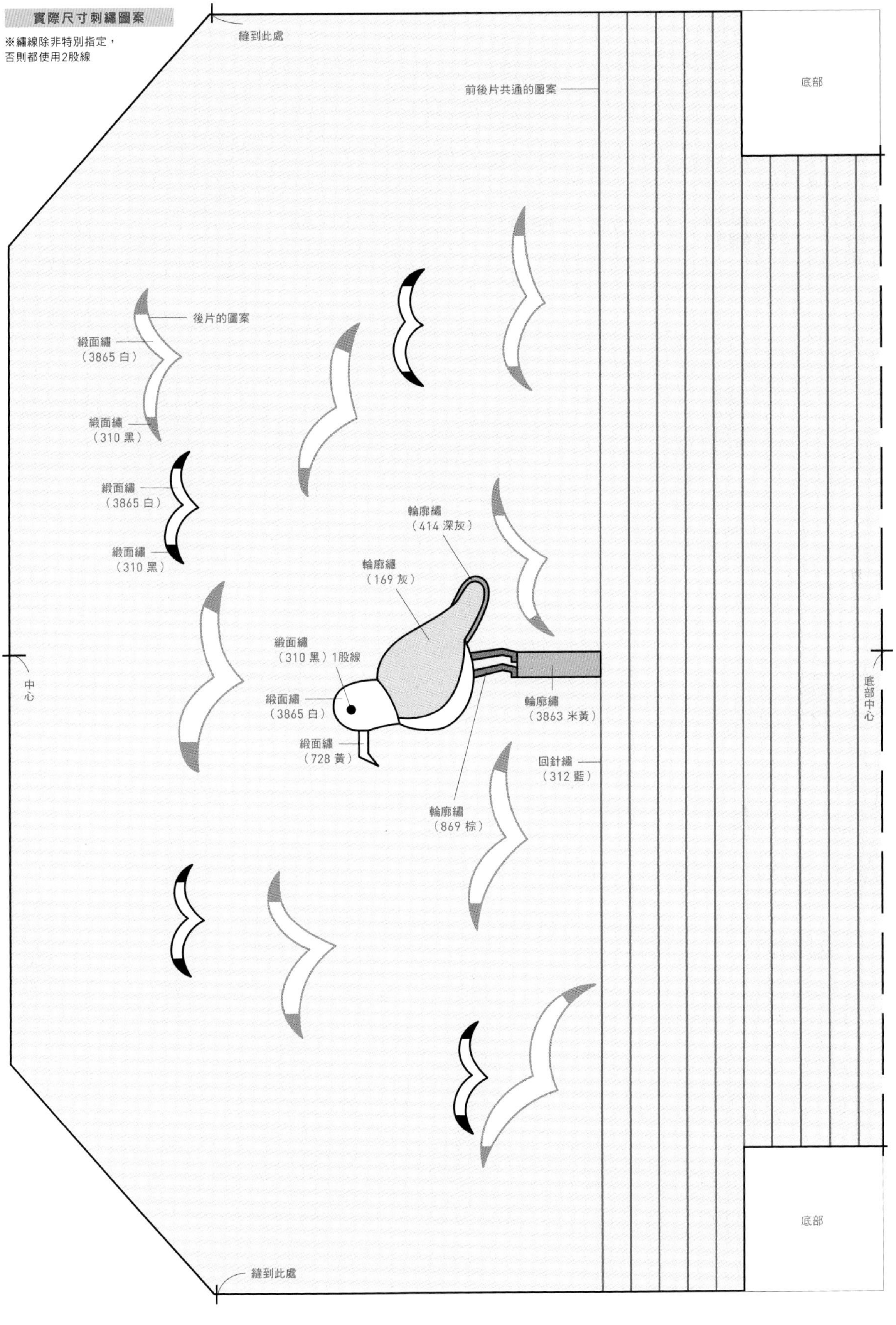

縫到此處

前後片共通的圖案

底部

後片的圖案

緞面繡
（3865 白）

緞面繡
（310 黑）

緞面繡
（3865 白）

緞面繡
（310 黑）

輪廓繡
（414 深灰）

輪廓繡
（169 灰）

緞面繡
（310 黑）1股線

緞面繡
（3865 白）

輪廓繡
（3863 米黃）

緞面繡
（728 黃）

回針繡
（312 藍）

輪廓繡
（869 棕）

中心

底部中心

底部

縫到此處

[藍色・綠色・橘色・粉紅色] 鸚鵡別針

【製作方式】製作方式以 23 為例解說

1　將圖案描繪在不織布（白）上並進行刺繡。周
　　圍加上1mm之後裁剪不織布。
2　與P.146的步驟 2～3 相同，將作品製作成別
　　針。

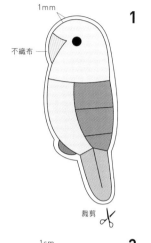

1mm

不織布

1

裁剪 ✄

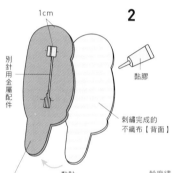

1cm

別針用金屬配件

黏膠

刺繡完成的
不織布【背面】

2

黏貼

裁剪成比
完成品尺寸小1mm
的不織布

【材料】

23
DMC 25號繡線
　　04（灰）、310（黑）、598（藍）、
　　869（棕）、927（灰綠）、963（淺粉紅）、
　　3768（深綠）─────────各適量
24
DMC 25號繡線
　　310（黑）、772（黃綠）、869（棕）、
　　3364（淺綠）、3866（白）───各適量
DMC 25號彩色繡線
　　51（橘色系）、92（綠色系）───各適量
25
DMC 25號繡線
　　310（黑）、772（黃綠）、869（棕）、
　　891（淺粉紅）、3364（淺綠）、3866（白）
　　─────────────────各適量
DMC 25號彩色繡線
　　51（橘色系）─────────適量
26
DMC 25號繡線
　　04（灰）、159（藍灰）、310（黑）、
　　335（粉紅）、869（棕）、963（淺粉紅）、
　　3866（白）────────── 各適量
共通
不織布（白）─────── 15×15cm
不織布（黑）─────── 6×3cm
別針用金屬配件（2.5cm・銀）───1個

SIZE　長5×寬2cm

使用工具

基本工具（P.72）／黏膠

實際尺寸刺繡圖案

※繡線除非特別指定，否則都使用2股線

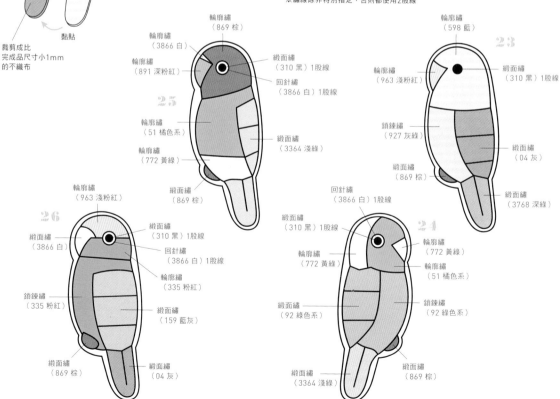

25

輪廓繡
（869 棕）

輪廓繡
（3866 白）

輪廓繡
（891 深粉紅）

緞面繡
（310 黑）1股線

回針繡
（3866 白）1股線

輪廓繡
（51 橘色系）

輪廓繡
（772 黃綠）

緞面繡
（3364 淺綠）

緞面繡
（869 棕）

23

輪廓繡
（598 藍）

輪廓繡
（963 淺粉紅）

緞面繡
（310 黑）1股線

鎖鍊繡
（927 灰綠）

緞面繡
（04 灰）

緞面繡
（869 棕）

緞面繡
（3768 深綠）

26

輪廓繡
（963 淺粉紅）

緞面繡
（3866 白）

緞面繡
（310 黑）1股線

回針繡
（3866 白）1股線

輪廓繡
（335 粉紅）

鎖鍊繡
（335 粉紅）

緞面繡
（159 藍灰）

緞面繡
（869 棕）

緞面繡
（04 灰）

24

回針繡
（3866 白）1股線

緞面繡
（310 黑）1股線

輪廓繡
（772 黃綠）

輪廓繡
（772 黃綠）

輪廓繡
（51 橘色系）

鎖鍊繡
（92 綠色系）

緞面繡
（92 綠色系）

緞面繡
（3364 淺綠）

緞面繡
（869 棕）

作品頁面 ━━▶ P.50

倉鴞別針

【製作方式】

1 將圖案描繪在布料上,使用串珠線繡鎖鍊繡作為輪廓線。進行刺繡,之後以串珠線將珠子縫上。

2 在背面以熨斗貼上雙面膠布襯。周圍加上折份8mm之後裁剪布料,間隔固定距離剪開後,撕掉離型紙,將折份折到背面並以熨斗燙黏。

3 將合成皮裁剪成比完成品尺寸大2mm,以串珠線將別針用金屬配件縫在中心。

4 將不織布裁剪成比成品尺寸小2mm,把步驟2的作品和步驟3的皮革正面朝外對在一起,中間夾進不織布,使用1股串珠線以毛邊繡(➡參考P.67)縫合。

【材料】

DMC 25號繡線
　822(米黃)、842(淺米黃)━━━━各適量
DMC金屬繡線
　E3852(金)━━━━━━━━━━━━━適量
串珠線(白)━━━━━━━━━━━━━━適量
特小珠(白)━━━━━━━━━━━━━━9個
特小珠(黑)━━━━━━━━━━━━━━4個
天然石珠子(石片形・乳白色)━━━━━5個
棉布(白)━━━━━━━━━━━━15×15cm
雙面膠布襯━━━━━━━━━━━━5×5cm
不織布(白)、合成皮(白)━━━━各4×4cm
別針用金屬配件(2cm・金)━━━━━━1個

SIZE 長3×寬2.8cm

使用工具

基本工具(P.72)

實際尺寸刺繡圖案
※繡線除非特別指定,否則都使用3股線

特小珠(黑)
長短針繡(822 米黃)
緞面繡(822 米黃)
特小珠(白)
直線繡(E3852 金)1股線
長短針繡(842 淺米黃)

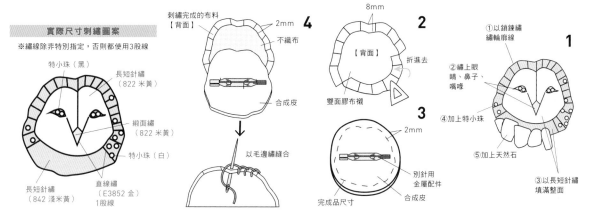

刺繡完成的布料【背面】
2mm
不織布
合成皮
以毛邊繡縫合

8mm
【背面】
折進去
雙面膠布襯

①以鎖鍊繡繡輪廓線
②繡上眼睛、鼻子、嘴喙
④加上特小珠
⑤加上天然石
③以長短針繡填滿整面

2mm
別針用金屬配件
合成皮
完成品尺寸

作品頁面 ━━▶ P.50

小松鼠別針

【製作方式】

1 將圖案描繪在布料上,使用串珠線以鎖鍊繡作為輪廓線。以串珠線將珠子縫好後,使亮片宛如立在珠子之間,以單邊固定(➡參考P.83)縫好亮片。之後進行刺繡。

2 以E3852(金)線製作鬍鬚和眼睫毛。

3 與本頁上方的「倉鴞別針」製作步驟2～4相同,將作品製作成別針。

【材料】

DMC珍珠棉線5號繡線
　433(紅棕)、842(米黃)、ECRU(米色)
　━━━━━━━━━━━━━━━━━各適量
DMC金屬繡線
　E3852(金)━━━━━━━━━━━━━適量
串珠線(黑、白)━━━━━━━━━━各適量
特小珠(黑)━━━━━━━━━━━━約10個
小圓珠(金)━━━━━━━━━━━━約50個
單切面特小珠(金)━━━━━━━━約20個
亮片(圓平・4mm・金)━━━━━━━━8個
棉布(白)━━━━━━━━━━━━15×15cm
雙面膠布襯━━━━━━━━━━━━5×5cm
不織布(白)、合成皮(白)━━━━各4×4cm
別針用金屬配件(2cm・金)━━━━━━1個

SIZE 長4.4×寬4.3cm

使用工具

基本工具(P.72)／指甲油(透明)

塗上指甲油
2cm
裁剪
2股線

實際尺寸刺繡圖案
※繡線全部都使用1股線

刺繡完成的布料【背面】
毛邊繡(串珠線 白)
1.5cm
別針用金屬配件
合成皮
不織布

眼睛刺繡方式
特小珠(黑)
鎖鍊繡(串珠線 黑)

單切面特小珠
做眼睫毛的位置
特小珠(黑)
單切面特小珠
做鬍鬚的位置
亮片

小圓珠(金)
長短針繡(ECRU 米色)
長短針繡(433 紅棕)
長短針繡(841 米黃)
鎖鍊繡(串珠線 白)
鎖鍊繡(E3852 金)
直線繡(433 紅棕)

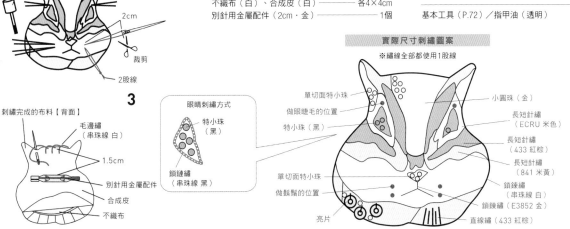

刺蝟別針

29

【製作方式】

1 將圖案描繪在布料上，使用串珠線以鎖鍊繡作
為輪廓線。以串珠線縫上特小珠固定。完成刺
繡之後，縫上亮片與珍珠仿珠。

2 與P.153上方「倉鴞別針」的製作方式步驟2～
4相同，將作品製作成別針。

【材料】

DMC 25號繡線
　453（淺灰）、451（灰）────── 各適量
毛海線（米色）────────────── 適量
串珠線（白）────────────── 適量
特小珠（白）───────────── 約100個
珍珠仿珠（8mm・米色）──────── 2個
亮片（龜甲・4mm・白）──────── 6個
亮片（龜甲・6mm・白）──────── 5個
棉布（白）──────────── 15×15cm
雙面膠布襯──────────── 5×5cm
不織布（白）、合成皮（白）─── 各4×4cm
別針用金屬配件（2cm・金）────── 1個

SIZE　長2.5×寬3.5cm

使用工具

基本工具（P.72）

實際尺寸刺繡圖案　　※繡線全部都使用3股線
※法國結粒繡繞2次

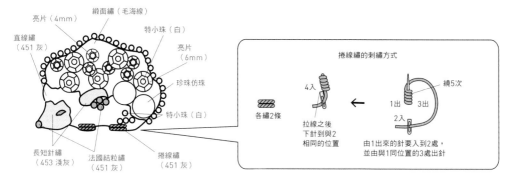

亮片（4mm）　緞面繡（毛海線）　特小珠（白）
直線繡（451 灰）　亮片（6mm）　珍珠仿珠　特小珠（白）
長短針繡（453 淺灰）　法國結粒繡（451 灰）　捲線繡（451 灰）

捲線繡的刺繡方式
各繡2條
4入
拉線之後下針到與2相同的位置
繞5次
1出　3入
2入
由1出來的針要入到2處，並由與1同位置的3處出針

藍灰色貓咪別針

30

【製作方式】

1 將圖案描繪在布料上，使用串珠線以鎖鍊繡作
為輪廓線。以串珠線縫上特小珠固定。進行刺
繡之後，縫上絨毛線。

2 以E3852（金）的絲線做成鬍鬚。

3 與P.153上方「倉鴞別針」的製作方式步驟2～
4相同，將作品製作成別針。

【材料】

DMC 25號繡線
　169（灰）、950（粉紅）────── 各適量
DMC金屬繡線
　E3852（金）────────────── 適量
絨毛線（灰）────────────── 適量
串珠線（黑、白）─────────── 各適量
特小珠（灰）───────────── 約60個
特小珠（黑）──────────────── 6個
小圓珠（銀）───────────── 約25個
棉布（白）──────────── 15×15cm
雙面膠布襯──────────── 5×5cm
不織布（白）、合成皮（白）─── 各4×4cm
別針用金屬配件（2cm・金）────── 1個

SIZE　長2.5×寬3.2cm

使用工具

基本工具（P.72）／指甲油（透明）

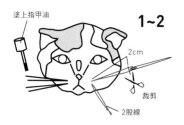

塗上指甲油　**1~2**　2cm　裁剪　2股線

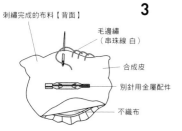

刺繡完成的布料【背面】　**3**
毛邊繡（串珠線 白）
合成皮
別針用金屬配件
不織布

耳朵固定方式

絨毛線　1cm　縫上去

眼睛刺繡方式

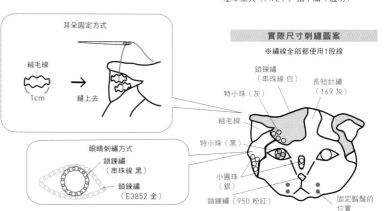

鎖鍊繡（串珠線 黑）
鎖鍊繡（E3852 金）

實際尺寸刺繡圖案
※繡線全部都使用1股線

鎖鍊繡（串珠線 白）　長短針繡（169 灰）
特小珠（灰）
絨毛線
特小珠（黑）
小圓珠（銀）
鎖鍊繡（950 粉紅）
固定鬍鬚的位置

乳牛花紋彈簧髮夾

31

SIZE 長2.5×寬5.7cm

使用工具

基本工具（P.72）

【 製作方式 】

1 將圖案描繪在布料上，使用串珠線以鎖鍊繡作為輪廓線。以串珠線（白）將特小珠隨喜好決定位置縫上，並將變形杯狀配件、珍珠仿珠、特小珠（白）一起繡上，將亮片左右斜插，以單邊固定（➡參考P.83）縫好。

2 將雙面膠布襯放在背面，以熨斗燙合，周圍加上折份8mm之後裁剪布料，間隔固定距離剪開，撕掉離型紙後以熨斗將折份燙合。

3 將不織布裁剪成與完成品相同尺寸，使用串珠線（白）將彈簧髮夾配件縫在不織布上。將此不織布疊在步驟 **2** 的作品背後，並使用串珠線（黑）以毛邊繡（➡參考P.64）縫合。

【 材 料 】

串珠線（黑、白）	各適量
特小珠（黑）	約300個
特小珠（白）	約250個
珍珠仿珠（6mm‧米色）	2個
亮片（大圓形單孔‧10mm‧白）	4個
變形杯狀配件（6mm‧黑）	2個
棉布（白）	15×15cm
雙面膠布襯	4×8cm
不織布（黑）	3×8cm
彈簧髮夾配件（4.7cm‧銀）	1個

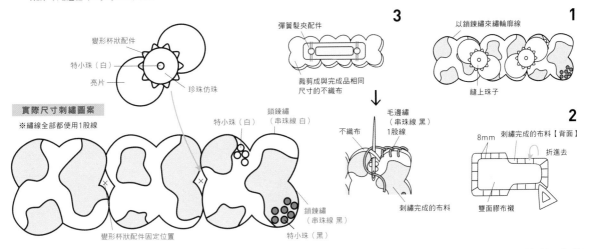

實際尺寸刺繡圖案
※繡線全部都使用1股線

3

乳牛花紋戒指

32

SIZE 圖樣 長2×寬2cm

使用工具

基本工具（P.72）／黏膠

【 製作方式 】

1 將圖案描繪在布料上，使用串珠線以鎖鍊繡作為輪廓線。特小珠隨喜好決定位置縫上。

2 將雙面膠布襯放在背面，以熨斗燙合，周圍加上折份8mm之後裁剪布料，間隔固定距離剪開，撕掉離型紙後以熨斗將折份燙合。

3 將不織布裁剪成與完成品相同尺寸，將正面與步驟 **2** 作品對齊後，周圍使用串珠線以毛邊繡（➡參考P.67）縫合。將作品黏在戒指用配件的底座上。

【 材 料 】

串珠線（黑、白）	各適量
特小珠（黑）	約80個
特小珠（白）	約100個
棉布（白）	15×15cm
雙面膠布襯	4×4cm
不織布（黑）	3×3cm
戒指用配件（圓平‧11mm‧銀）	1個

實際尺寸刺繡圖案
※繡線全部都使用1股線

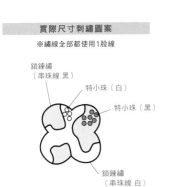

3

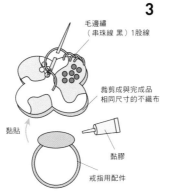

2

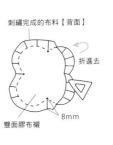

1

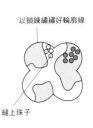

作品頁面 ——➤ P.51

魚尾巴耳夾

【 製 作 方 式 】

1 在布料上畫一個直徑1.6cm的圓形，於圓形周圍縫上單切面特小珠。將緞帶人造絲綁起來做成緞帶形狀，縫在左右兩側。

2 將緞帶放在直徑1.6cm的不織布上，以垂直縫（➡參考P.67）固定。把白色及銀色亮片以單邊固定（➡參考P.83）縫上，另外固定珠子。

3 將雙面膠布襯放在布料背面，以熨斗燙合。周圍加上折份8mm後裁剪布料，間隔固定距離剪開，撕掉離型紙以後將折份以熨斗燙黏到作品後方。

4 將合成皮裁剪成直徑1.8cm，切開使耳夾用金屬配件能夠穿過，然後與步驟3的作品貼合。

【 材 料 】

緞帶人造絲（深藍）	70cm
緞帶人造絲（黑）	40cm
單切面特小珠（銀）	約60個
珊瑚珠（石片形·紅）	8個
天然石珠子（石片形·乳白色）	2個
亮片（大圓形單片橢圓·5×8cm·白）	8個
亮片（大圓形單片橢圓·5×8cm·銀）	8個
棉布（白）	15×15cm
雙面膠布襯	5×4cm
不織布（灰）、合成皮（白）	各4×3cm
耳夾用金屬配件（彈簧夾·金）	1組
串珠線（白）	適量

SIZE 圖樣 長2.3×寬4cm

使用工具

基本工具（P.72）／黏膠

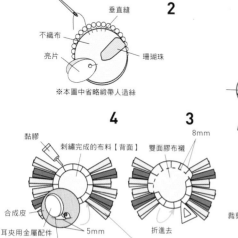

```
2
垂直縫
不織布
亮片          珊瑚珠
※本圖中省略緞帶人造絲
```

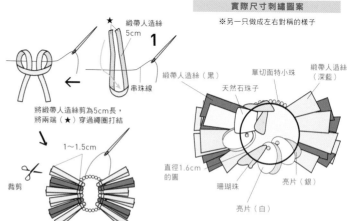

```
★ 緞帶人造絲
5cm            1
串珠線
緞帶人造絲（黑）
天然石珠子
單切面特小珠
緞帶人造絲（深藍）

將緞帶人造絲剪為5cm長，
將兩端（★）穿過繩圈打結

1～1.5cm
裁剪

直徑1.6cm
的圓
珊瑚珠
亮片（銀）
亮片（白）

將深藍色8條、黑色4條各自打結後，縫上去固定
```

實際尺寸刺繡圖案
※另一只做成左右對稱的樣子

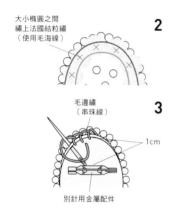

```
4                3
黏膠
刺繡完成的布料【背面】   雙面膠布襯   8mm
合成皮
耳夾用金屬配件
5mm         折進去
將耳夾用金屬配件穿進割開的洞
最後要將緞帶人造絲的尾端攤開來
```

作品頁面 ——➤ P.51

綿羊毛茸茸別針

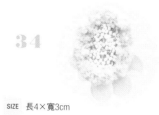

【 製 作 方 式 】

1 在布料上描繪大小兩個橢圓，於外側的橢圓周圍縫上單切面特小珠。內側橢圓當中則縫上特小珠（金），剩下的部分則以小圓珠（白）填滿。

2 將亮片以單邊固定（➡參考P.83）於★處，在大小橢圓之間使用毛海線繡上法國結粒繡。

3 與P.153上方「倉鴞別針」的製作方式步驟2～4相同，將作品製作成別針。

【 材 料 】

毛海線（米色）	適量
特小珠（白）	約90個
小圓珠（金）	10個
單切面特小珠（銀）	約40個
亮片（大圓形單片橢圓·直徑10mm·白）	3個
棉布（白）	15×15cm
雙面膠布襯	5×4cm
不織布（白）、合成皮（白）	各4×3cm
別針用金屬配件（4.7cm·銀）	1個
串珠線（白）	適量

SIZE 長4×寬3cm

使用工具

基本工具（P.72）

```
2
大小橢圓之間
繡上法國結粒繡
（使用毛海線）

毛邊繡
（串珠線）
3
1cm
別針用金屬配件
```

```
1
外側橢圓周圍縫上單切面特小珠
★部分繡上鎖鍊繡（使用串珠線）
```

實際尺寸刺繡圖案
※繡線全部都使用1股線
※法國結粒繡繞2次

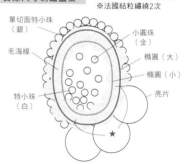

```
單切面特小珠（銀）
毛海線
特小珠（白）
小圓珠（金）
橢圓（大）
橢圓（小）
亮片
```

ANIMAL MOTIF

【製作方式】

1　將圖案描繪在用來作為基底的不織布上（**03** 要連管珠的位置都畫上去）。在背面貼上布襯，配合珠子的顏色使用相同顏色的串珠線固定珠子（**02** 及 **03** 先刺繡好之後再縫珠子）。

2　裁剪成完成品尺寸。

3　將不織布裁剪成比基底尺寸大5mm，使用串珠線將別針用金屬配件縫上去。

4　將步驟 **2** 的作品與步驟 **3** 的材料貼合，完全乾燥之後，依照步驟 **2** 作品的大小修剪後面的不織布。**03** 則將周圍以捲針縫（➡參考P.67）縫合。

【材料】

01
小圓珠（綠）	約45個
小圓珠（黑）	10個
切面珠（紅）	約100個
管珠（3mm・綠）	4個
不織布（紅）	15×15cm
別針用金屬配件（1.8cm・古銅）	1個
串珠線（紅、綠、黑）	適量

02
DMC 25號繡線
822（淺灰）、3046（米黃）、E3852（金）
	各適量
特小珠（奶油色）	約25個
特小珠（金）	15個
特小珠（黃）	16個
小圓珠（白）	約160個
小圓珠（黃）	約60個
珍珠仿珠（3mm・白）	1個
不織布（白）	15×15cm
別針用金屬配件（2cm・銀）	1個
串珠線（白）	適量

03
DMC 25號繡線
472（淺黃綠）、581（黃綠）、829（棕）、3346（綠）
	各適量
特小珠（奶油色）	7個
特小珠（黑）	15個
管珠（黃綠）	21個
不織布（棕）	15×15cm
別針用金屬配件（2cm）	1個
串珠線（黑、綠）	適量

共通
布襯	10×10cm

01

SIZE　長3×寬2cm

02

SIZE　直徑3.5cm

03

SIZE　直徑3.5cm

使用工具

基本工具（P.72）／黏膠

實際尺寸刺繡圖案

※繡線全部都使用2股線

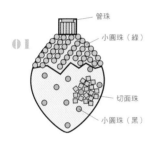

01
管珠
小圓珠（綠）
切面珠
小圓珠（黑）

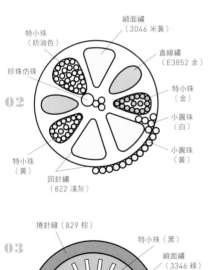

02
特小珠（奶油色）
緞面繡（3046 米黃）
直線繡（E3852 金）
珍珠仿珠
特小珠（金）
小圓珠（白）
小圓珠（黃）
特小珠（黃）
回針繡（822 淺灰）

03
捲針縫（829 棕）
特小珠（黑）
緞面繡（3346 綠）
特小珠（奶油色）
管珠
長短針繡（472 淺黃綠）
長短針繡（581 黃綠）

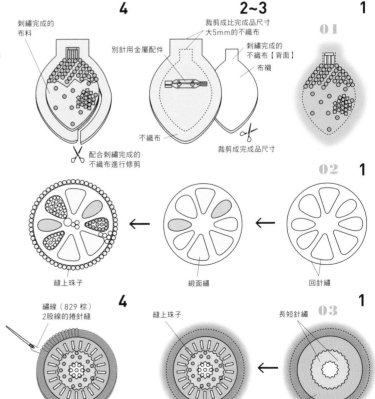

4
刺繡完成的布料
配合刺繡完成的不織布進行修剪

2~3
別針用金屬配件
裁剪成比完成品尺寸大5mm的不織布
刺繡完成的不織布【背面】
布襯
不織布
裁剪成完成品尺寸

1
01

02
縫上珠子
緞面繡
回針繡

1

4
繡線（829 棕）2股線的捲針縫

03
縫上珠子
長短針繡
緞面繡

1

杯子蛋糕別針

【製作方式】

1 將圖案描繪在用來當基底的不織布上。一邊塞進少量的手工藝用棉花，一邊做貼布然後進行刺繡。使用與貼布相同顏色的絲線來固定珠子。（➡參考P.92膨膨貼布片）

2 周圍加上2mm之後裁剪布料。

3 使用與基底相同的不織布，將其裁剪成比步驟2作品的尺寸大5mm，縫上別針用金屬配件。

4 將步驟2的作品與步驟3的材料貼合，等完全乾燥以後，再將背面的不織布修剪成與步驟2相同尺寸。

【材料】

DMC 25號繡線
727（黃）、951（粉紅）、955（薄荷綠）、
3712（深粉紅）、3828（黃土色）、
3862（棕）、BLANC（白）——————各適量
小圓珠（金）———————————————5個
不織布（薄荷綠）—————————15×15cm
不織布（粉紅）———————————5×3cm
別針用金屬配件（2.5cm·銀）—————1個
手工藝用棉花———————————————適量

04

SIZE 長3.5×寬3.7cm

使用工具

基本工具（P.72）／黏膠

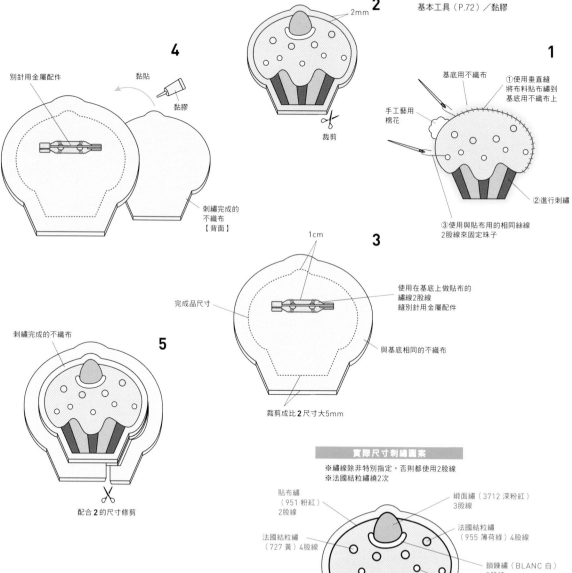

2

2mm

裁剪

4

別針用金屬配件

黏貼

黏膠

刺繡完成的不織布
【背面】

1

基底用不織布

①使用垂直縫將布料貼布繡到基底用不織布上

手工藝用棉花

②進行刺繡

③使用與貼布用的相同絲線2股線來固定珠子

3

1cm

完成品尺寸

使用在基底上做貼布的繡線2股線縫別針用金屬配件

與基底相同的不織布

裁剪成比2尺寸大5mm

5

刺繡完成的不織布

配合2的尺寸修剪

實際尺寸刺繡圖案

※繡線除非特別指定，否則都使用2股線
※法國結粒繡繞2次

貼布繡（951 粉紅）2股線

緞面繡（3712 深粉紅）3股線

法國結粒繡（727 黃）4股線

法國結粒繡（955 薄荷綠）4股線

鎖鍊繡（BLANC 白）3股線

小圓珠

緞面繡（3862 棕）4股線

不織布（粉紅）

長短針繡（3828 黃土色）4股線

基底用不織布（薄荷綠）

【製作方式】 製作方式以 **05** 為例解說

1　將圖案描繪在用來當基底的不織布上。一邊塞進少量的手工藝用棉花，一邊做貼布然後進行刺繡。使用與貼布相同顏色的絲線來固定珠子。（➡參考P.92膨膨貼布片）

2　周圍加上2mm之後裁剪布料。

3　使用與基底相同的不織布，將其裁剪成比步驟 **2** 作品的尺寸大5mm，縫上別針用金屬配件。與步驟 **2** 的作品貼合。

4　等完全乾燥以後，再將背面的不織布修剪成與步驟 **2** 相同尺寸。

【材料】

05

DMC 25號繡線
　553（紫）、725（山吹色）、744（黃）、
　775（水色）、3051（綠）、3832（深粉紅）、
　BLANC（白）——————— 各適量
小圓珠（金）————————————5個
不織布（薄荷綠）————————15×15cm
不織布（橘色、水色）——————各5×5cm

06

DMC 25號繡線
　745（奶油色）、818（粉紅）、
　3712（深粉紅）、BLANC（白）——— 各適量
特小珠（金）————————————4個
小圓珠（銀）————————————5個
不織布（粉紅）—————————15×15cm
不織布（白、奶油色）——————各5×3cm

07

DMC 25號繡線
　745（奶油色）、818（粉紅）、3051（綠）、
　3828（棕）、3832（深粉紅）、BLANC（白）
　——————————————— 各適量
特小珠（金）————————————4個
小圓珠（銀）————————————3個
不織布（水色）—————————15×15cm
不織布（棕、奶油色）——————各5×3cm

共通

別針用金屬配件（2.5cm·銀）————1個
手工藝用棉花——————————適量

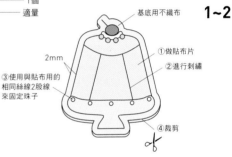

05

SIZE　長4×寬3.5cm

06

SIZE　長3.5×寬3.5cm

07

SIZE　長4.2×寬4.2cm

使用工具

基本工具（P.72）／黏膠

實際尺寸刺繡圖案

※繡線除非特別指定，否則都使用2股線
※法國結粒繡繞2次

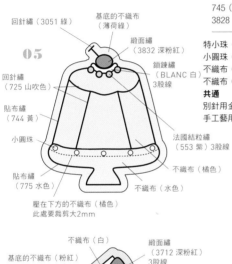

05

回針繡（3051 線）
基底的不織布（薄荷綠）
緞面繡（3832 深粉紅）
鎖鍊繡（BLANC 白）3股線
回針繡（725 山吹色）
貼布繡（744 黃）
小圓珠
貼布繡（775 水色）
法國結粒繡（553 紫）3股線
不織布（橘色）
不織布（水色）
壓在下方的不織布（橘色）此處要裁剪大2mm

06

不織布（白）
緞面繡（3712 深粉紅）3股線
基底的不織布（粉紅）
貼布繡（BLANC 白）
特小珠
小圓珠
壓在下方的不織布（奶油色）此處要裁剪大2mm
不織布（奶油色）
貼布繡（745 奶油色）
緞面繡（3712 深粉紅）4股線
鎖鍊繡（BLANC 白）
緞面繡（818 粉紅）4股線

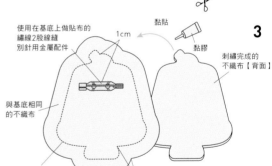

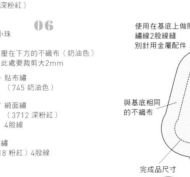

1~2

基底用不織布
①做貼布片
②進行刺繡
2mm
③使用與貼布用的相同絲線2股線來固定珠子
④裁剪

3

使用在基底上做貼布的繡線2股線縫別針用金屬配件
與基底相同的不織布
完成品尺寸
黏貼
1cm
黏膠
刺繡完成的不織布【背面】
裁剪成比 **2** 尺寸大5mm

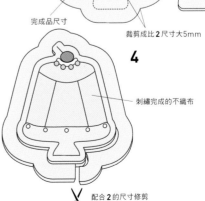

4

刺繡完成的不織布

配合 **2** 的尺寸修剪

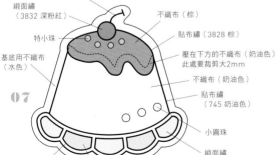

07

回針繡（3051 綠）
緞面繡（3832 深粉紅）
特小珠
基底用不織布（水色）
不織布（棕）
貼布繡（3828 棕）
壓在下方的不織布（奶油色）此處要裁剪大2mm
不織布（奶油色）
貼布繡（745 奶油色）
小圓珠
緞面繡（3051 綠）4股線
鎖鍊繡（BLANC 白）
緞面繡（818 粉紅）4股線

［馬卡龍·巧克力蛋糕］別針

【製作方式】 製作方式以 **08** 為例解說

1　將圖案描繪在用來當基底的不織布上。一邊塞進少量的手工藝用棉花，一邊做貼布然後進行刺繡。使用與貼布相同顏色的絲線來固定珠子。（➡參考P.92膨膨貼布片）

2　周圍加上2mm之後裁剪布料。

3　使用與基底相同的不織布，將其裁剪成比步驟 **2** 作品的尺寸大5mm，縫上別針用金屬配件。與步驟 **2** 的作品貼合。

4　等完全乾燥以後，再將背面的不織布修剪成與步驟 **2** 相同尺寸。

【材料】

08

DMC 25號繡線
　738（淺棕）、951（粉紅）、988（綠）、
　3712（深粉紅）──────── 各適量
特小珠（金）──────────── 4個
不織布（淺棕）─────────── 15×15cm
不織布（粉紅、白）───────── 各5×5cm

09

DMC 25號繡線
　420（棕）、433（焦茶）、738（米黃）、
　3712（深粉紅）、3828（淺棕）── 各適量
特小珠（金）──────────── 5個
不織布（水色）─────────── 15×15cm
不織布（焦茶、棕）──────── 各5×3cm

共通

別針用金屬配件（2.5cm·銀）──── 1個
手工藝用棉花───────────── 適量

08

SIZE　長3.8×寬4cm

09

SIZE　長4.5×寬3.8cm

使用工具

基本工具（P.72）／黏膠

1~2

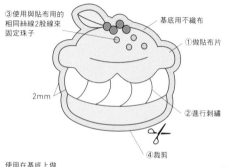

③使用與貼布用的相同絲線2股線來固定珠子

基底用不織布

①做貼布片

2mm

②進行刺繡

④裁剪

3

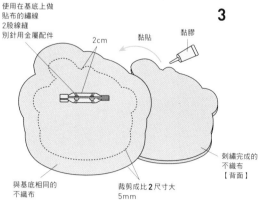

使用在基底上做貼布的繡線2股線縫別針用金屬配件

2cm

黏貼

黏膠

與基底相同的不織布

裁剪成比**2**尺寸大5mm

刺繡完成的不織布【背面】

4

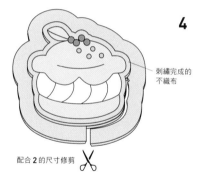

刺繡完成的不織布

配合**2**的尺寸修剪

實際尺寸刺繡圖案

※繡線除非特別指定，否則都使用2股線
※法國結粒繡繞2次

08

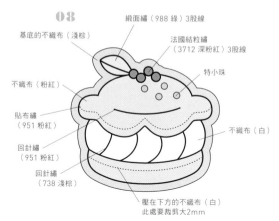

基底的不織布（淺棕）

緞面繡（988 綠）3股線

法國結粒繡（3712 深粉紅）3股線

特小珠

不織布（粉紅）

貼布繡（951 粉紅）

不織布（白）

回針繡（951 粉紅）

回針繡（738 淺棕）

壓在下方的不織布（白）此處要裁剪大2mm

09

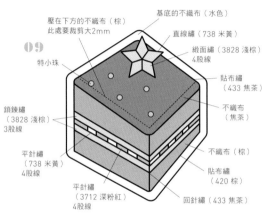

壓在下方的不織布（棕）此處要裁剪大2mm

基底的不織布（水色）

直線繡（738 米黃）

緞面繡（3828 淺棕）4股線

特小珠

貼布繡（433 焦茶）

不織布（焦茶）

鎖鍊繡（3828 淺棕）3股線

不織布（棕）

平針繡（738 米黃）4股線

貼布繡（420 棕）

平針繡（3712 深粉紅）4股線

回針繡（433 焦茶）

【製作方式】 製作方式以 **14** 為例解說

1 將圖案描繪在用來當基底的不織布上。一邊塞進少量的手工藝用棉花，一邊做貼布然後進行刺繡。使用與貼布相同顏色的絲線來固定珠子。（➡參考P.92膨膨貼布片）
2 周圍加上2mm之後裁剪布料。
3 使用與基底相同的不織布，將其裁剪成比步驟 **2** 作品的尺寸大5mm，以錐子打洞後黏貼耳針用金屬配件。
4 將步驟 **2** 的作品與步驟 **3** 的材料貼合，等完全乾燥以後，再將背面的不織布修剪成步驟 **2** 的作品相同尺寸。

【材料】

10
DMC 25號繡線
　741（橘）、744（黃）、3823（米黃）
　────────────────── 各適量
特小珠（銀）────────────── 4個
不織布（橘）────────────── 3×3cm

11
DMC 25號繡線
　420（棕）、955（綠）、3051（深綠）、
　3823（米黃）
　────────────────── 各適量
特小珠（銀）────────────── 5個
不織布（薄荷綠）──────────── 3×3cm

14
DMC 25號繡線
　470（綠）、603（粉紅）、3823（米黃）
　────────────────── 各適量
特小珠（金）────────────── 5個
不織布（粉紅）──────────── 3×3cm

共通
不織布（白）────────────── 15×15cm
耳針用金屬配件（耳釘式・金）───── 1個
手工藝用棉花──────────────適量

10

SIZE　長2.4×寬1.5cm

11

SIZE　長2.4×寬1.5cm

14

SIZE　長2.2×寬2.5cm

使用工具

基本工具（P.72）／黏膠

實際尺寸刺繡圖案

※繡線全部都使用1股線
※法國結粒繡繞2次

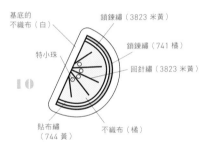

基底的不織布（白）
鎖鍊繡（3823 米黃）
鎖鍊繡（741 橘）
特小珠
回針繡（3823 米黃）
貼布繡（744 黃）
不織布（橘）
10

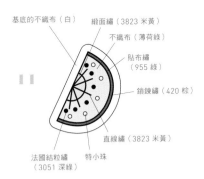

基底的不織布（白）
緞面繡（3823 米黃）
不織布（薄荷綠）
貼布繡（955 綠）
鎖鍊繡（420 棕）
直線繡（3823 米黃）
法國結粒繡（3051 深綠）
特小珠
11

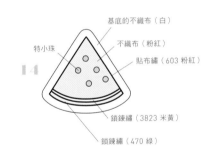

基底的不織布（白）
不織布（粉紅）
特小珠
貼布繡（603 粉紅）
鎖鍊繡（3823 米黃）
鎖鍊繡（470 綠）
14

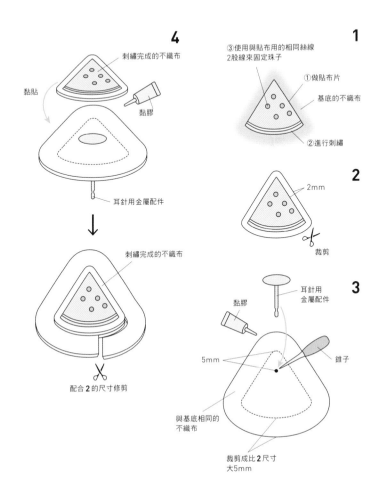

4
刺繡完成的不織布
黏貼
黏膠
耳針用金屬配件
刺繡完成的不織布
配合 **2** 的尺寸修剪

1
③使用與貼布用的相同絲線2股線來固定珠子
①做貼布片
基底的不織布
②進行刺繡

2
2mm
裁剪

3
黏膠
耳針用金屬配件
錐子
5mm
與基底相同的不織布
裁剪成比 **2** 尺寸大5mm

作品頁面 ——► P.55

［鳳梨・櫻桃］單邊耳針

【製作方式】 製作方式以 **12** 為例解說

1 與P.161的步驟**1**～**2**相同，做完貼布之後進行刺繡、並縫上珠子（➡參考P.92膨膨貼布片）。周圍加上2mm之後裁剪布料。

2 與P.161的步驟**3**相同，使用與基底相同的不織布，裁剪成比**2**尺寸大5mm，並以錐子打洞、黏貼耳針用金屬配件。

3 等待完全乾燥以後，配合**1**的尺寸修剪背後的不織布。

【材料】

12

DMC 25號繡線
471（深綠）、728（芥子色）、744（奶油色）、782（棕）、3051（綠）
　　　　　　　　　　　　　　　　　　　　——各適量
特小珠（金）————————————————6個
不織布（奶油色）——————————————3×3cm

13

DMC 25號繡線
603（粉紅）、730（深綠）、3828（棕）
　　　　　　　　　　　　　　　　　　　　——各適量
特小珠（銀）————————————————3個
不織布（粉紅）——————————————3×3cm

共通

不織布（白）————————————————15×15cm
耳針用金屬配件（耳釘式・金）——————————1個
手工藝用棉花————————————————適量

SIZE　長2×寬1.5cm

SIZE　長2×寬2cm

使用工具

基本工具（P.72）／黏膠

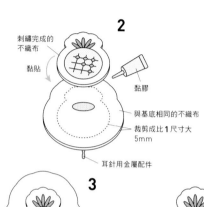

實際尺寸刺繡圖案
※繡線全部都使用2股線

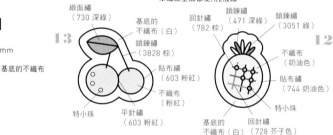

作品頁面 ——► P.55

糖果別針

【製作方式】

1 與P.158的步驟**1**～**2**相同，做完貼布之後進行刺繡、並縫上珠子（➡參考P.92膨膨貼布片）。周圍加上2mm之後裁剪布料。

2 與P.160的步驟**3**相同，使用與基底相同的不織布，縫上別針用金屬配件後與**1**黏合。

3 等待完全乾燥以後，配合**1**的尺寸修剪背後的不織布。

【材料】

DMC 25號繡線
598（青綠）、775（水色）、818（粉紅）、955（薄荷綠）、BLANC（白）————各適量
小圓珠（銀）————————————————3個
不織布（淺棕）——————————————15×15cm
不織布（水色、白）————————————各5×3cm
別針用金屬配件（2.5cm・銀）————————1個
手工藝用棉花————————————————適量

SIZE　長2.4×寬4.7cm

使用工具

基本工具（P.72）／黏膠

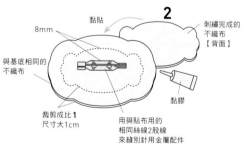

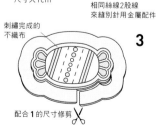

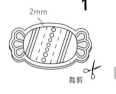

實際尺寸刺繡圖案
※繡線除非特別指定，否則都使用2股線
※法國結粒繡繞2次

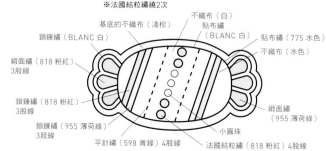

［粉紅・藍色］洋裝別針

【製作方式】製作方式以 **16** 為例解說

1 將圖案描繪在歐根紗上並進行刺繡，使用串珠線以連續刺繡（➡參考P.84）固定亮片，並且縫上珠子。

2 在背面貼上布襯，周圍加上8mm折份後裁剪布料。間隔固定距離剪開，塗上黏膠折到背後。

3 將不織布裁剪成比步驟2的作品大8mm，黏貼在步驟2的作品後，並沿著2的尺寸修剪。

4 將裁剪成與步驟3作品相同尺寸的不織布，以串珠線縫好別針用金屬配件，之後黏貼到步驟3作品的背面。

【材料】

16
DMC 25號繡線
　754（粉紅）——————————適量
DMC 5號珍珠棉線
　4100（粉紅色系）——————適量
DMC金屬繡線
　E818（粉紅）————————適量
特小珠（粉紅）——————約20個
單切面特小珠（金）————約160個
珍珠仿珠（2mm・米色）———9個

17
DMC 25號繡線
　755（水色）——————————適量
DMC 5號珍珠棉線
　4020（水色系）——————適量
DMC金屬繡線
　E747（水色）————————適量
特小珠（青）———————約20個
單切面特小珠（銀）————約160個
珍珠仿珠（2mm・銀）———9個

共通
特小珠（米色）——————約60個
亮片（圓平・4mm・白）———約120個
歐根紗（米色）—————20×20cm
不織布（棕）、布襯———各10×10cm
別針用金屬配件（3cm・金）———1個
串珠線（白）——————————適量

SIZE　長7.5×寬4cm

使用工具

基本工具（P.72）／黏膠

實際尺寸刺繡圖案

※繡線全部都使用2股線
※法國結粒繡繞1次

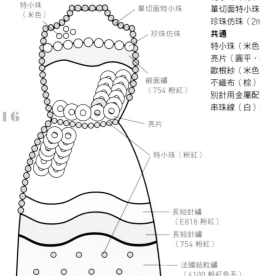

16

特小珠（米色）
單切面特小珠
珍珠仿珠
緞面繡（754 粉紅）
亮片
特小珠（粉紅）
長短針繡（E818 粉紅）
長短針繡（754 粉紅）
法國結粒繡（4100 粉紅色系）

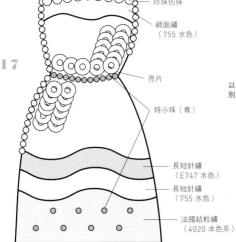

17

特小珠（米色）
單切面特小珠
珍珠仿珠
緞面繡（755 水色）
亮片
特小珠（青）
長短針繡（E747 水色）
長短針繡（755 水色）
法國結粒繡（4020 水色系）

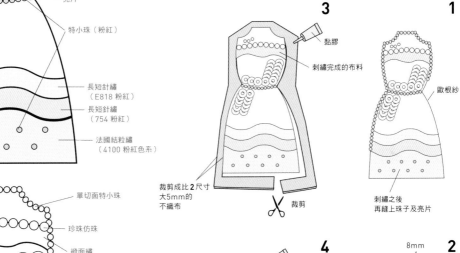

3
黏膠
刺繡完成的布料
裁剪成比2尺寸大5mm的不織布
裁剪

1
歐根紗
刺繡之後再縫上珠子及亮片

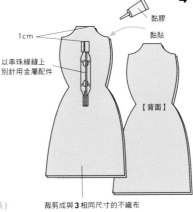

4
黏膠
黏貼
1cm
以串珠線縫上別針用金屬配件
【背面】
裁剪成與3相同尺寸的不織布

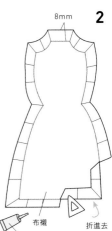

2
8mm
布襯
折進去
黏膠

蝴蝶結寶石別針

【 製作方式 】

1. 主體請將圖案描繪在歐根紗上，以橫向直線的連續刺繡（➡參考P.82）固定管珠。
2. 蝴蝶結打結處請輪流繡上整列管珠及特小珠。
3. 主體與打結處的背面貼上雙面膠布襯，上下多加1cm折份之後裁剪布料。將折份往後折。
4. 將主體對折，把褶子縫在內面朝外。
5. 把左右兩邊以正面為主，折出蝴蝶結的形狀，在背面對準★和☆縫合。
6. 將打結處繞到主體上，以垂直縫（➡參考P.67）固定在背面，縫在珠子的邊緣。
7. 將別針用金屬配件縫在中心，並將蝴蝶結長邊以藏針縫（➡參考P.67）收合。

【 材 料 】

特小珠（米色）	約50個
管珠（3mm‧米色）	約380個
珍珠仿珠（2mm‧白）	18個
人工寶石（直徑4mm）	10個
歐根紗（米色）	15×15cm
雙面膠布襯	15×15cm
別針用金屬配件（3cm‧銀）	1個
串珠線（白）	適量

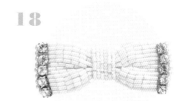

18

SIZE　長2×寬6cm

使用工具

基本工具（P.72）／黏膠

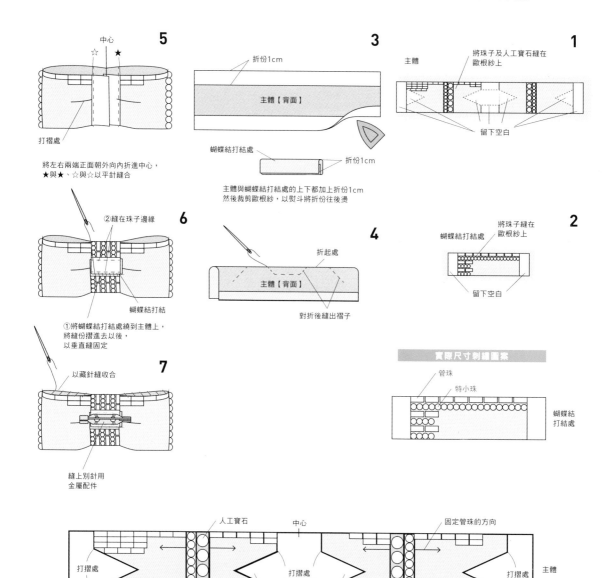

5

中心
☆　★

打褶處

將左右兩端正面朝外向內折進中心，
★與★、☆與☆以平針縫合

6

②縫在珠子的邊緣

①將蝴蝶結打結處繞到主體上，
將縫份摺進去以後，
以垂直縫固定

蝴蝶結打結

7

以藏針縫收合

縫上別針用
金屬配件

3

折份1cm

主體【背面】

蝴蝶結打結處

折份1cm

主體與蝴蝶結打結處的上下都加上折份1cm
然後裁剪歐根紗，以熨斗將折份往後燙

4

折起處

主體【背面】

對折後縫出褶子

1

主體

將珠子及人工寶石縫在
歐根紗上

留下空白

2

蝴蝶結打結處

將珠子縫在
歐根紗上

留下空白

實際尺寸刺繡圖案

管珠

特小珠

蝴蝶結
打結處

人工寶石　中心　固定管珠的方向

打褶處　打褶處　打褶處

★　珍珠仿珠　★☆　☆

留下空白

主體

［粉紅色・金色・白色］寶石別針

【製作方式】 製作方式以 **19** 為例解說

1 將圖案描繪在歐根紗上，以串珠線固定珠子。
2 在背面貼上布襯，周圍加上8mm之後裁剪布料。間隔固定距離剪開，塗上黏膠往後折。
3 與P.163的步驟 **3** 相同，將不織布裁剪成比 **2** 尺寸大5mm之後，黏貼在背後，並依照 **2** 的尺寸修剪。背面黏上平板鍊頭。將不織布裁剪成與完成品相同尺寸，並以串珠線縫上別針用金屬配件後，黏貼在作品背面。
4 以O形環將人工寶石接在平板鍊頭上。

【材 料】

19
特小珠（古銅）——————約250個
特小珠（粉紅）——————約400個
特小珠（消光粉紅）————約120個
20
特小珠（黑）———————約250個
特小珠（古銅）——————約400個
特小珠（金）———————約120個
21
特小珠（古銅）——————約250個
特小珠（米色）——————約400個
特小珠（白）———————約120個
共通
人工寶石（附底座・8mm）——————1個
O形環（3mm・金）————————————1個
平板鍊頭（6mm・金）———————————1個
歐根紗（米色）——————————15×15cm
不織布（棕）、布襯—————各10×5cm
別針用金屬配件（3cm・金）———————1個
串珠線（白）————————————————適量

實際尺寸刺繡圖案

SIZE 圖樣 長4.3×寬5cm

使用工具

基本工具（P.72）／黏膠／平頭鉗子

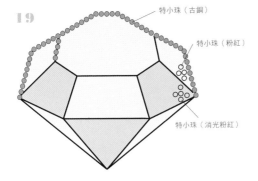

19

特小珠（古銅）

特小珠（粉紅）

特小珠（消光粉紅）

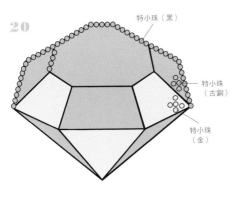

20

特小珠（黑）

特小珠（古銅）

特小珠（金）

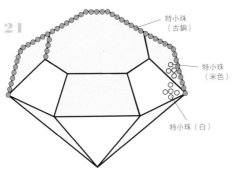

21

特小珠（古銅）

特小珠（米色）

特小珠（白）

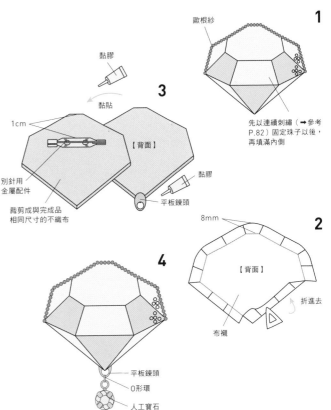

1
歐根紗

先以連續刺繡（➡參考P.82）固定珠子以後，再填滿內側

3
黏膠
黏貼
1cm
【背面】
別針用金屬配件
裁剪成與完成品相同尺寸的不織布
黏膠
平板鍊頭

2
8mm
【背面】
折進去
布襯

4
平板鍊頭
O形環
人工寶石

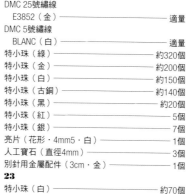

作品頁面 ──➤ P.57

【製作方式】製作方式以 **22** 為例解說

1 將圖案描繪在歐根紗上，使用串珠線固定珠子及人工鑽。香檳使用繡線刺繡，之後以珠子固定法（➡參考P.84）固定亮片。

2 在背面貼上布襯，周圍加上折份8mm之後裁剪布料。間隔固定距離剪開，塗上黏膠貼往背後。

3 與P.163的步驟 **2～4** 相同，將作品製作成別針。

【材料】

22
DMC 25號繡線
　E3852（金）──────── 適量
DMC 5號繡線
　BLANC（白）──────── 適量
特小珠（綠）──────── 約320個
特小珠（金）──────── 約200個
特小珠（白）──────── 約150個
特小珠（古銅）────── 約140個
特小珠（黑）──────── 約20個
特小珠（紅）──────── 5個
特小珠（銀）──────── 7個
亮片（花形・4mm5・白）── 1個
人工寶石（直徑4mm）─── 3個
別針用金屬配件（3cm・金）─ 1個
23
特小珠（白）──────── 約70個
特小珠（古銅）────── 約60個
單切面特小珠（銀）──── 約130個
單切面特小珠（金）──── 約70個
珍珠仿珠（2mm・白）─── 1個
人工寶石（直徑4mm）─── 1個
別針用金屬配件（2cm・銀）─ 1個
共通
歐根紗（米色）────── 20×20cm
不織布（棕）、布襯──── 各10×10cm
串珠線（白）──────── 適量

SIZE 長8×寬3.5cm

SIZE 長4.5×寬2.2cm

使用工具

基本工具（P.72）／黏膠

1

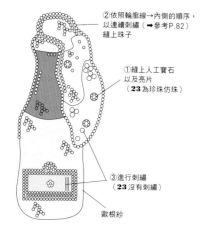

②依照輪廓線→內側的順序，以連續刺繡（➡參考P.82）縫上珠子

①縫上人工寶石以及亮片（**23** 為珍珠仿珠）

③進行刺繡（**23** 沒有刺繡）

歐根紗

2

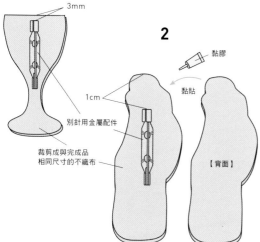

3mm

黏膠

黏貼

1cm

別針用金屬配件

裁剪成與完成品相同尺寸的不織布

【背面】

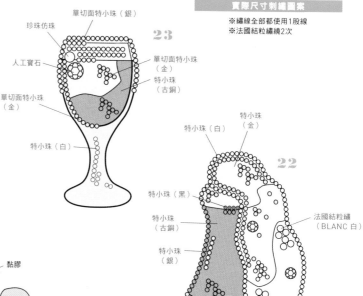

實際尺寸刺繡圖案

※繡線全部都使用1股線
※法國結粒繞2次

單切面特小珠（銀）

珍珠仿珠

人工寶石

單切面特小珠（金）

單切面特小珠（金）

特小珠（古銅）

特小珠（白）

23

特小珠（白）

特小珠（金）

特小珠（黑）

特小珠（古銅）

特小珠（銀）

法國結粒繡（BLANC 白）

22

人工寶石

特小珠（綠）

特小珠（紅）

緞面繡（E3852 金）

亮片

特小珠（黑）

特小珠（金）

作品頁面 ——→ P.57

【製作方式】

1 將圖案描繪在歐根紗上並進行刺繡，配合珠子的顏色選用串珠線，將珠子及人工寶石縫上去。

2 與P.163的步驟 2～4 相同，將作品製作成別針。

【材料】

DMC 5號繡線
　310（黑）————————————適量
特小珠（白）————————約20個
特小珠（金）————————約30個
特小珠（古銅）————————約100個
特小珠（黑）————————約100個
特小珠（紅）————————約80個
珍珠仿珠（2mm・白）————6個
人工寶石（直徑4mm）————3個
歐根紗（米色）————————15×15cm
不織布（棕）、布襯————各10×5cm
別針用金屬配件（3cm・金）————1個
串珠線（黑、白、棕、紅）————各適量

24

SIZE 長5×寬1.8cm

使用工具

基本工具（P.72）／黏膠

實際尺寸刺繡圖案

※繡線全部都使用1股線

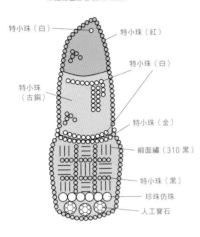

特小珠（白）　特小珠（紅）
特小珠（白）
特小珠（古銅）
特小珠（金）
緞面繡（310 黑）
特小珠（黑）
珍珠仿珠
人工寶石

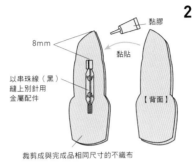

8mm
黏膠
黏貼
以串珠線（黑）縫上別針用金屬配件
【背面】
裁剪成與完成品相同尺寸的不織布
2

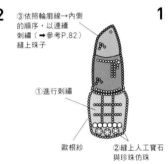

③依照輪廓線→內側的順序，以連續刺繡（➡參考P.82）縫上珠子
①進行刺繡
歐根紗
②縫上人工寶石與珍珠仿珠
1

作品頁面 ——→ P.57

【製作方式】

1 將圖案描繪在歐根紗上，配合珠子的顏色選用串珠線，將珠子及人工鑽縫上去。進行刺繡。

2 與P.163的步驟 2～4 相同，將作品製作成別針。

【材料】

DMC 25號繡線
　310（黑）、422（米黃）、801（棕）、
　ECRU（米色）————————各適量
特小珠（黑）————————約250個
特小珠（紅）————————約20個
人工寶石（直徑5mm）————1個
歐根紗（米色）————————15×15cm
不織布（棕）、布襯————各10×5cm
別針用金屬配件（3cm・金）————1個
串珠線（黑、紅）————各適量

25

SIZE 長5.6×寬4.5cm

使用工具

基本工具（P.72）／黏膠

實際尺寸刺繡圖案

※繡線全部都使用1股線
※法國結粒繡繞2次

長短針繡（422 米黃）　法國結粒繡（310 黑）
長短針繡（ECRU 米色）
特小珠（黑）
緞面繡（310 黑）
直線繡（310 黑）
特小珠（紅）
人工寶石
長短針繡（801 棕）

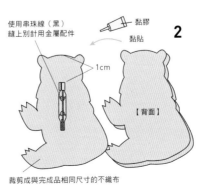

使用串珠線（黑）縫上別針用金屬配件
黏膠
黏貼
1cm
【背面】
裁剪成與完成品相同尺寸的不織布
2

②依照輪廓線→內側的順序，以連續刺繡（➡參考P.82）縫上珠子
①縫上人工寶石
歐根紗
③進行刺繡
1

【製作方式】 製作方式以 **26** 為例解說

1 將圖案描繪在歐根紗上，配合珠子的顏色選用串珠線，將珠子及珍珠仿珠縫上去。

2 將布襯貼在背面，周圍加上折份8mm之後裁剪布料。間隔固定距離剪開，將折份塗上黏膠貼到背後。

3 與P.163的步驟 **3～4** 相同，將作品製作成別針。

【材料】

26
DMC 25號繡線
　3831（紅）────────── 適量

27
DMC 25號繡線
　3768（青）────────── 適量

28
DMC 25號繡線
　729（黃）────────── 適量

共通（1個作品用量）
DMC 5號繡線
　E3852（金）────────── 適量
特小珠（黑）────────── 約120個
特小珠（古銅）────────── 約60個
珍珠仿珠（2mm‧白）────────── 約25個
歐根紗（米色）────────── 15×15cm
不織布（棕）、布襯────────── 各10×5cm
別針用金屬配件（3cm‧金）────────── 1個
串珠線（黑、白）────────── 適量

SIZE　長4.5×寬5cm

使用工具

基本工具（P.72）／黏膠

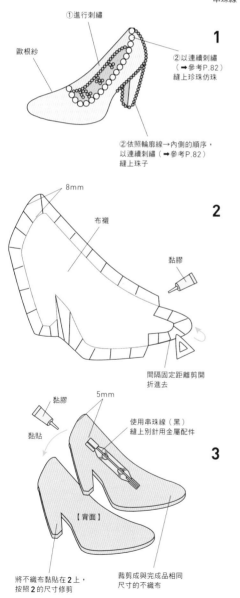

1

①進行刺繡

歐根紗

②以連續刺繡
（➡參考P.82）
縫上珍珠仿珠

②依照輪廓線→內側的順序，
以連續刺繡（➡參考P.82）
縫上珠子

2

8mm

布襯

黏膠

間隔固定距離剪開
折進去

3

黏膠

黏貼

5mm

使用串珠線（黑）
縫上別針用金屬配件

【背面】

將不織布黏貼在 **2** 上，
按照 **2** 的尺寸修剪

裁剪成與完成品相同
尺寸的不織布

實際尺寸刺繡圖案

※繡線全部都使用6股線

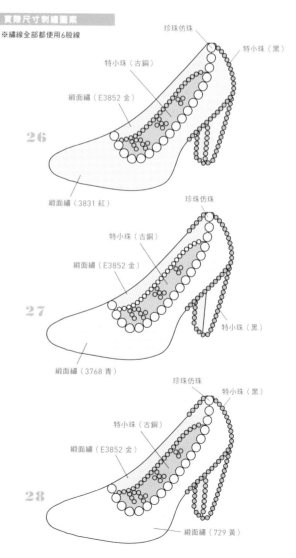

珍珠仿珠

特小珠（黑）

特小珠（古銅）

緞面繡（E3852 金）

26

緞面繡（3831 紅）

珍珠仿珠

特小珠（古銅）

緞面繡（E3852 金）

27

特小珠（黑）

緞面繡（3768 青）

珍珠仿珠

特小珠（黑）

特小珠（古銅）

緞面繡（E3852 金）

28

緞面繡（729 黃）

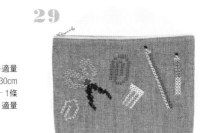

29

【製作方式】（➡參考P.89 拉鍊包製作方式）

1 將圖案描繪在前片用的布料上並進行刺繡，將周圍加上1cm縫份後裁剪布料。

2 將後片1片、內裡2片裁剪成與步驟**1**的作品相同尺寸。

3 將刺繡完成的布料與內裡用布料1片的內面朝外對齊，夾著拉鍊縫合。

4 後片也與內裡用布料內面朝外對齊後與拉鍊另一邊縫合。

5 將前後片、2片內裡的內面朝外對齊，留下翻面用口後，將周圍縫合。此時拉鍊要打開一半。

6 將四角的三角形剪掉，由翻面用口翻回正面後，以藏針縫（➡參考P.67）收合翻面用口。

【材料】

DMC 25號繡線

211（紫）、347（紅）、444（黃）、
597（藍灰）、727（奶油色）、
739（膚色）、813（青）、891（粉紅）、
3799（深灰）、BLANC（白）————各適量
麻布（米黃）、內裡用棉布————各40×30cm
拉鍊（20cm・水色）————1條
手縫線（棕）————適量

SIZE　長14×寬21cm

使用工具

基本工具（P.72）

6

翻面用口

裁剪

以藏針縫收口

4

後片【正面】

內裡【正面】

前片【背面】

5

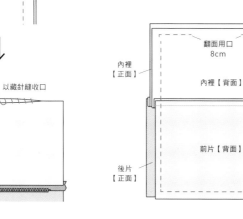

翻面用口
8cm

內裡【正面】

內裡【背面】

前片【背面】

後片【正面】

1

縫份1cm

14cm

21cm

2

縫份1cm

14cm

後片1片
內裡2片

21cm

3

拉鍊

夾著拉鍊縫合

內裡【背面】

前片【正面】

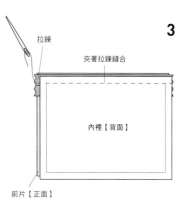

1/2縮小圖案

※繡線全部都使用6股線
※請放大200%影印後使用

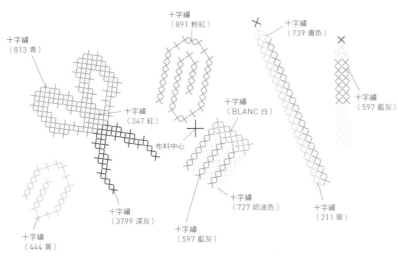

十字繡
（813 青）

十字繡
（891 粉紅）

十字繡
（739 膚色）

十字繡
（347 紅）

十字繡
（BLANC 白）

十字繡
（597 藍灰）

布料中心

十字繡
（3799 深灰）

十字繡
（727 奶油色）

十字繡
（211 紫）

十字繡
（444 黃）

十字繡
（597 藍灰）

【製作方式】

1 裁剪好主體用的麻布及內裡用棉布。將圖案描繪在主體用的棉布上並進行刺繡。

2 由主體底部中心對折，內面朝外，將左右兩邊縫合，底部折出厚度後縫起。內裡也用一樣的方式縫合。

3 裁剪提把用的麻布。將縫份折進去以後對折，車縫固定。

4 將提把縫在主體上。

5 將內裡內面朝外對齊後放入主體當中，將袋口縫份三折後車縫固定。

【材 料】

DMC 25號繡線
　727（黃）、995（青）、3340（橘）、
　3799（深灰）、BLANC（白）─────各適量
麻布（米黃）─────────────80×45cm
內裡用棉布───────────────80×35cm
車縫線（60號・灰）───────────適量

POINT! 如果使用十字繡專用布料的話，就不需要描繪圖案，直接數布目進行刺繡，不過這裡的製作方式是在普通的布料上畫×圖案後刺繡。

30

SIZE 長36×寬28cm

使用工具

基本工具（P.72）／縫紉機

3

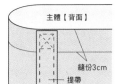

針距2mm車縫

縫份3cm
提帶用布 2片
50cm
縫份1cm
←4cm→

2

內裡【背面】
底部中心

主體【背面】
底部中心

將兩邊縫合

內裡【背面】
9cm

主體【背面】
9cm

1

內裡

縫份1cm

縫份1cm

28cm

主體　中心　縫份3cm
6cm 6cm
提把固定位置
布料中心
18.5cm
4.5cm 4.5cm
厚度
9cm 9cm
底部中心
縫份1cm
縫份3cm　中心
72
28cm

4

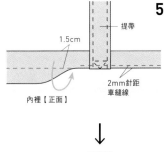

主體【背面】
縫份3cm
提帶

5

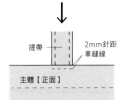

提帶
1.5cm
2mm針距車縫線
內裡【正面】

提帶
2mm針距車縫線
主體【正面】

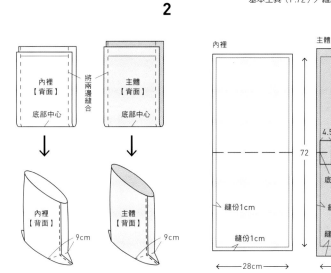

十字繡＋直線繡刺繡方式

繡上十字繡

在交叉處繡上直線繡

十字繡＋直線繡
（3799 深灰）

十字繡（727 黃）

十字繡（3340 橘）

回針繡（3340 橘）3股線

1/2縮小圖案

※繡線除非特別指定，否則都使用6股線
※請放大200%影印後使用

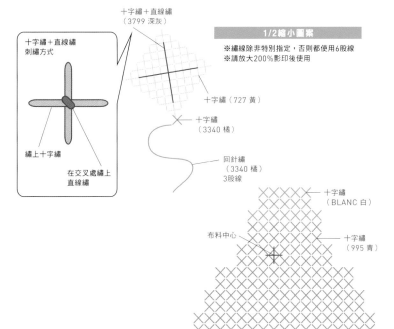

十字繡（BLANC 白）

十字繡（995 青）

布料中心

北歐風格杯墊

作品頁面 ── ► P.59

【製作方式】製作方式以 **32** 為例解說

1 將圖案描繪在布料上並進行刺繡，留下縫份1cm後裁剪布料。

2 將背面用布料裁剪成相同尺寸後內面朝外對齊，留下翻面用口並縫合周圍。

3 自翻面用口將作品翻回正面，以藏針縫（➡參考P.67）收合翻面用口。

【材料】

DMC 25號繡線

347（紅）、352（鮭魚粉紅）、444（黃）、597（水色）、640（卡其）、648（淺灰）、727（淺黃）、470（綠）、739（象牙）、760（粉紅）、783（芥子色）、995（青）、3799（深灰）、BLANC（白）————各適量

麻布（米黃）————————75×30cm
車縫線（60號‧灰）—————各適量

2

背面用布【正面】

縫合周圍

刺繡完成的布料【背面】

翻面用口5cm

1

縫份1cm

中心

裁剪

3

以藏針縫收合

【正面】

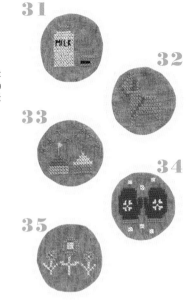

SIZE　直徑10cm

使用工具

基本工具（P.72）

1/2縮小圖案

※繡線除非特別指定，否則都使用6股線
※請放大200%影印後使用

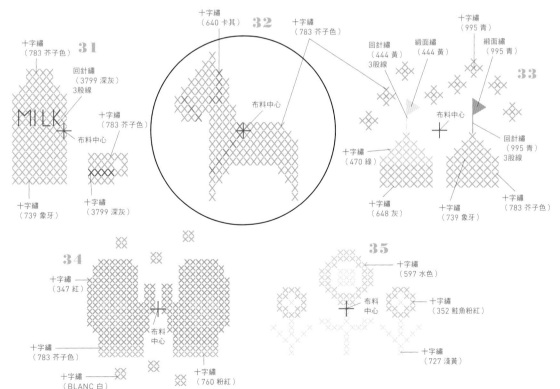

31

十字繡（783 芥子色）

回針繡（3799 深灰）3股線

MILK

十字繡（783 芥子色）

布料中心

十字繡（739 象牙）

十字繡（3799 深灰）

32

十字繡（640 卡其）

布料中心

十字繡（783 芥子色）

回針繡（444 黃）3股線

緞面繡（444 黃）

33

緞面繡（995 青）

十字繡（995 青）

布料中心

十字繡（470 綠）

十字繡（648 灰）

十字繡（739 象牙）

回針繡（995 青）3股線

十字繡（783 芥子色）

34

十字繡（347 紅）

布料中心

十字繡（783 芥子色）

十字繡（BLANC 白）

十字繡（760 粉紅）

35

十字繡（597 水色）

布料中心

十字繡（352 鮭魚粉紅）

十字繡（727 淺黃）

【製作方式】 製作方式以 37 為例解說

1　將正面用的vinyl Aida裁剪成比圖案大4～5目，進行刺繡並縫上珠子與亮片。

2　將背膠式不織布裁剪成比刺繡圖案的紅線小1格之後，貼在作品背面。

3　將背面用的vinyl Aida裁剪成與步驟1作品相同尺寸，以手縫線（黑）縫上別針用金屬配件。

4　將正反兩面的正面朝外對齊後，沿著紅線以手縫線（白）縫上回針繡。然後沿著外框藍線修剪。39再以珠鍊加上迷你流蘇。

【材料】

37

DMC 25號繡線

　317（灰）、789（青）、3820（芥子色）

　　　　　　　　　　　　　　　　各適量

大圓珠（金）───────────8個

亮片（龜甲・4mm・金）──────6個

38

DMC 25號繡線

　04（灰）、09（棕）、19（黃）、

　741（橘）、910（綠）───────各適量

大圓珠（金）───────────4個

亮片（龜甲・4mm・金）──────7個

39

DMC 25號繡線

　19（黃）、22（胭脂）、321（紅）、

　741（橘）、798（青）───────各適量

亮片（龜甲・4mm・金）──────9個

亮片（星形・15mm・金）─────1個

亮片（星形・10mm・紅）─────2個

亮片（星形・6mm・金）─────1個

迷你流蘇（附O形環・3cm・紅）──1個

珠鍊（6mm・金）──────────5cm

共通

DMC vinyl Aida繡布（18目）───10×10cm

背膠式不織布（白）────────5×5cm

別針用金屬配件（3cm・黑）────1個

手縫線（30號・白、黑）──────各適量

SIZE　長5×寬3.8cm

SIZE　長5×寬4.3cm

SIZE　圖樣 長4.3×寬4cm

使用工具

基本工具（P.72）

圖案閱讀方式

跨1格表示1目（1針）

重疊十字繡的刺繡方式

```
    2
 8     6
3    ✛    4
 5     7
    1
```

重複十字繡
（741 橘）

裁剪位置

直線繡
（910 綠）

38

直線繡
（04 灰）

依藍線裁剪

以雙邊固定（➡參考P.83）縫上亮片（19 黃）

第1針縫上大圓珠，第2針則是直線繡（04 灰）

回針繡（09 棕）

回針繡（910 綠）

前後兩片對齊沿著紅線以手縫線（白）2股線縫上回針繡

回針繡（910 綠）2股線

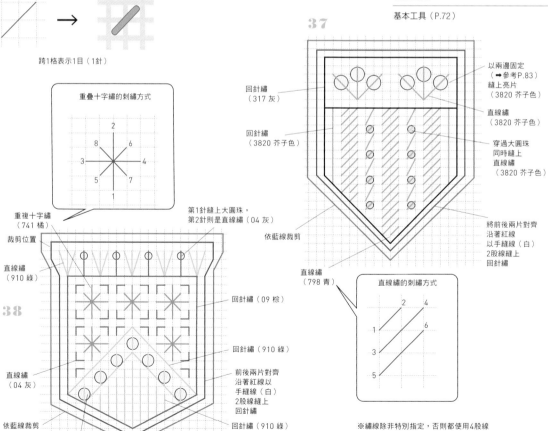

37

回針繡（317 灰）

回針繡（3820 芥子色）

依藍線裁剪

直線繡（798 青）

以兩邊固定（➡參考P.83）縫上亮片（3820 芥子色）

直線繡（3820 芥子色）

穿過大圓珠同時縫上直線繡（3820 芥子色）

將前後兩片對齊沿著紅線以手縫線（白）2股線縫上回針繡

直線繡的刺繡方式

```
     2    4
 1        6
3
     5
```

※繡線除非特別指定，否則都使用4股線
※回針繡要2目繡1針，剩下的部分則繡1目

※★為4股線加4股線，合計8股線

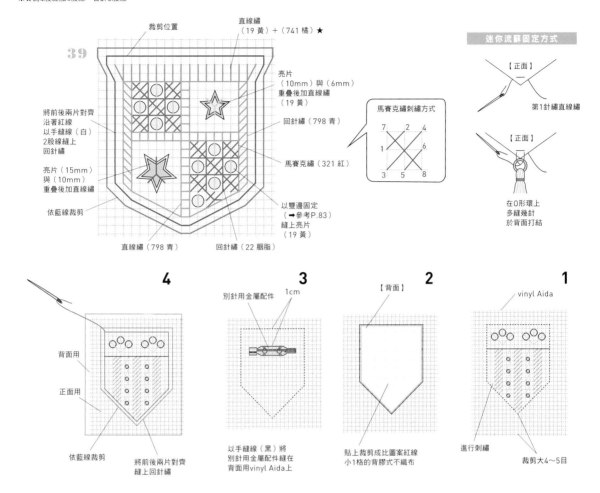

裁剪位置

直線繡
（19 黃）＋（741 橘）★

迷你流蘇固定方式

將前後兩片對齊
沿著紅線
以手縫線（白）
2股線縫上
回針繡

亮片
（10mm）與（6mm）
重疊後加直線繡
（19 黃）

回針繡（798 青）

亮片（15mm）
與（10mm）
重疊後加直線繡

馬賽克繡刺繡方式

依藍線裁剪

馬賽克繡（321 紅）

以雙邊固定
（➡參考P.83）
縫上亮片
（19 黃）

直線繡（798 青）

回針繡（22 胭脂）

【正面】

第1針繡直線繡

【正面】

在O形環上
多縫幾針
於背面打結

4

背面用

正面用

依藍線裁剪

將前後兩片對齊
縫上回針繡

3

別針用金屬配件　1cm

以手縫線（黑）將
別針用金屬配件縫在
背面用vinyl Aida上

2

【背面】

貼上裁剪成比圖案紅線
小1格的背膠式不織布

1

vinyl Aida

進行刺繡

裁剪大4～5目

作品頁面 ──➤ P.61

兔子別針

【 製作方式 】

1　與P.178的「寶石耳針」步驟 **1**〜**2** 相同，在布
　料上刺繡後，背面貼上不織布並裁剪周圍。

2　將裁剪成與步驟 **1** 作品相同尺寸的皮革，以手
　縫線縫上別針用金屬配件，黏貼在步驟 **1** 作品
　的背面。

【 材 料 】

DMC 25號繡線
　310（黑）、712（米色）、899（深粉紅）、
　3689（粉紅）────────────各適量
棉布（白）────────────15×15cm
不織布（白）、合成皮────────各4×4cm
別針用金屬配件（2cm・金）───────1組
手縫線（黑）───────────────適量

46

SIZE 長3.2×寬1.7cm

使用工具

基本工具（P.72）／黏膠

實際尺寸刺繡圖案

※繡線全部都使用1股線

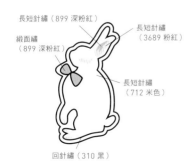

長短針繡（899 深粉紅）

織面繡
（899 深粉紅）

長短針繡
（3689 粉紅）

長短針繡
（712 米色）

回針繡（310 黑）

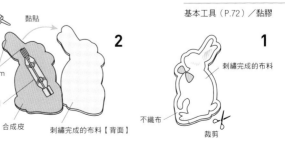

黏貼

黏膠

1cm

以手縫線
縫上別針用
金屬配件

合成皮

刺繡完成的布料【背面】

2

1

刺繡完成的布料

不織布

裁剪

【製作方式】

1 將圖案描繪在布料上並進行刺繡，周圍加上縫份1cm之後裁剪布料。
2 將背面用布料裁剪成相同尺寸，與步驟**1**的作品內面朝外對齊後，留下翻面用口縫合。
3 剪去四個角落的三角形。
4 翻回正面後，以藏針縫（➡參考P.67）收合翻面用口。

【材料】

DMC 25號繡線
　739（象牙）、783（芥子色）、3799（深灰）
　──────────────────各適量
麻布（米黃）────────────90×35cm
手縫線（60號・灰）──────────適量

SIZE　長32×寬42cm

使用工具

基本工具（P.72）

3

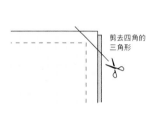

剪去四角的三角形

1

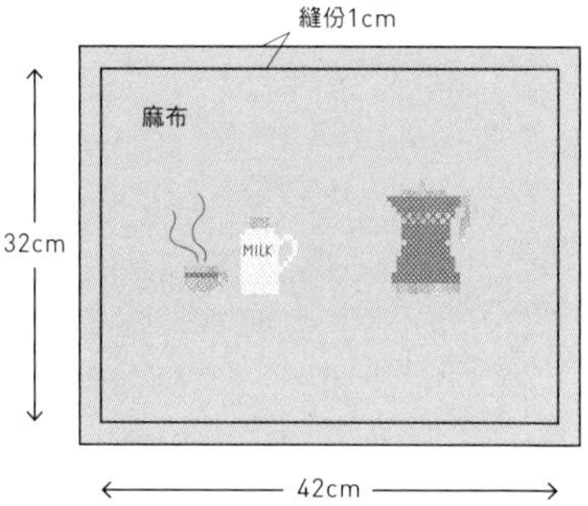

縫份1cm

麻布

32cm

42cm

4

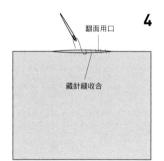

翻面用口

藏針縫收合

2

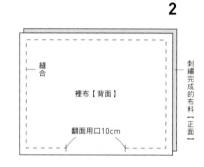

縫合

裡布【背面】

翻面用口10cm

刺繡完成的布料【正面】

1/2縮小圖案

※繡線除非特別指定，否則都使用6股線
※請放大200%影印後使用

回針繡
（3799 深灰）3股線

十字繡
（3799 深灰）

布料中心

十字繡
（3799 深灰）

十字繡
（739 象牙）

十字繡
（783 芥子色）

［紅色・藍色・黃色］愛心耳針

40

41

42

SIZE 圖樣 長2.2×寬2.5cm

【 製作方式 】

1 將正面用的vinyl Aida裁剪成比圖案（➡參考 P.172圖案閱讀方式）大4〜5格左右，依照 **1**〜 **24** 順序繡上直線繡。

2 將珠子如圖示縫上。

3 將背面用的vinyl Aida與 **1** 相同裁剪成比圖案大 4〜5個左右，**41** 及 **42** 與步驟 **1** 一樣繡上直線繡（**40** 不刺繡，直接將1×1cm的雙面膠不織布貼在背面內側正中間）。將前後片正面朝外對齊後，使用手縫線縫上重複的平針繡，同時只在正面縫上古董珠。依藍線裁剪。

4 **40** 將耳針用金屬配件黏貼在背面，**41** 及 **42** 則將耳針用金屬配件穿過vinyl Aida的網目。

【 材 料 】

40

DMC 25號繡線

666（紅）────────── 適量

小圓珠（紅）────────── 24個

小圓珠（消光紅）──────── 18個

大圓珠（紅）────────── 2個

古董珠（透明）──────── 28個

耳針用金屬配件（耳釘式・銀）──── 1組

背膠式不織布（白）──────── 1×1cm

41

DMC 25號繡線

3766（青）────────── 適量

小圓珠（水色）──────── 24個

小圓珠（銀）────────── 18個

大圓珠（水色）──────── 2個

古董珠（透明）──────── 28個

耳針用金屬配件（掛勾式・銀）──── 1組

42

DMC 25號繡線

18（黃）────────── 適量

小圓珠（金）────────── 24個

小圓珠（消光黃）──────── 18個

珍珠仿珠（3mm・白）────── 2個

古董珠（透明）──────── 28個

耳針用金屬配件（掛勾式・金）──── 1組

共通

DMC vinyl Aida繡布（18目）──── 10×10cm

手縫線（30號・白）──────── 適量

使用工具

基本工具（P.72）

3

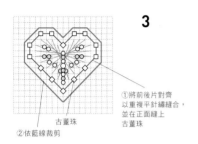

①將前後片對齊以重複平針繡縫合，並在正面繡上古董珠

古董珠

②依藍線裁剪

重複平針繡刺繡方式

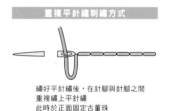

繡好平針繡後，在針腳與針腳之間重複繡上平針繡此時於正面固定古董珠

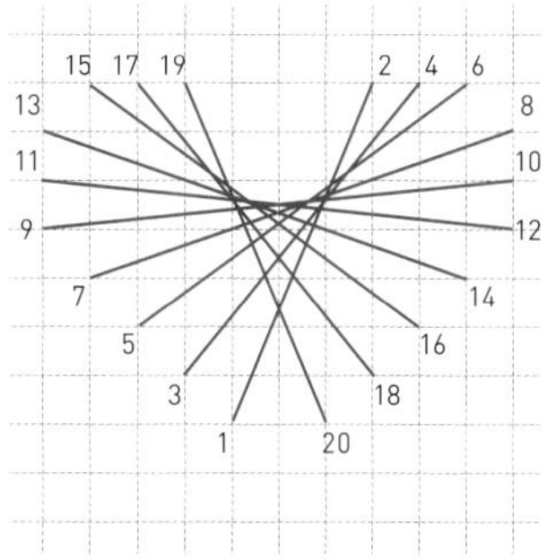

4

40

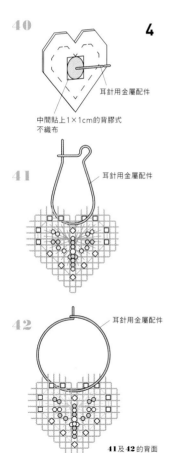

耳針用金屬配件

中間貼上1×1cm的背膠式不織布

41

耳針用金屬配件

42

耳針用金屬配件

41 及 **42** 的背面不縫珠子只做 **1** 的刺繡

2

40

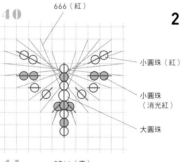

666（紅）

小圓珠（紅）

小圓珠（消光紅）

大圓珠

41

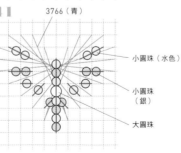

3766（青）

小圓珠（水色）

小圓珠（銀）

大圓珠

42

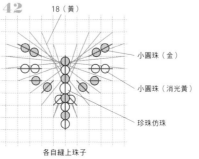

18（黃）

小圓珠（金）

小圓珠（消光黃）

珍珠仿珠

各自縫上珠子

1

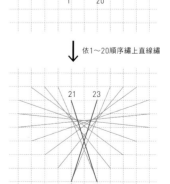

依1〜20順序繡上直線繡

依21〜24順序繡上直線繡

【製作方式】

1 將圖案描繪在布料上，以回針繡繡上輪廓線。
　在輪廓線當中刺繡，將圖案周圍加上5mm之後
　裁剪布料。

2 與P.178「寶石耳針」的步驟2～4相同，將作
　品製作成耳針。

【材料】

DMC 25號繡線
　310（黑）、712（白）、899（粉紅）、
　772（黃）───────────── 各適量
棉布（白）──────────── 15×15cm
不織布（白）、不織布（棕）───── 各3×3cm
耳針用金屬配件（耳釘式・金）────── 1組

43

SIZE 長1.5×寬1.2cm

SIZE 長1.8×寬1.5cm

使用工具

基本工具（P.72）／黏膠

實際尺寸刺繡圖案
※繡線全部都使用1股線

放大圖

回針繡
（310 黑）

緞面繡
（899 粉紅）

緞面繡
（712 白）

直線繡
（310 黑）

緞面繡
（772 黃）

緞面繡
（310 黑）

【製作方式】

1 與P.178「寶石耳針」的步驟1～2相同，刺繡
　後黏貼在不織布（白）上，周圍加上1mm之後
　裁剪布料。

2 將鐵絲兩端捲成圓圈形後，縫在燕子的不織布
　上，並貼在裁剪成相同尺寸的合成皮上。錬子
　兩端夾上對稱珠鍊包頭，以平頭鉗子夾緊，並
　以O形環與燕子相連。

3 王冠則與P.178「寶石耳針」的步驟3～4相
　同，將作品製作成耳針。

【材料】

DMC 25號繡線
　310（黑）、334（青）、666（紅）、
　712（白）、772（黃）─────── 各適量
棉布（白）──────────── 15×15cm
不織布（白）、不織布（棕）、合成皮（金）
　──────────────── 各3×3cm
O形環（4mm・金）─────────── 2個
鍊條（珠鍊・金）─────────── 3cm
對稱珠鍊包頭（1mm・金）──────── 2個
鐵絲（0.3mm・金）───────── 10cm
耳針用金屬配件（附連接環圓球形・金）── 1個
耳針用金屬配件（耳釘式・金）────── 1個
手縫線（60號・白）───────── 適量

44

SIZE 圖樣 長1×寬1.3cm

SIZE 圖樣 長1.4×寬2cm

使用工具

基本工具（P.72）／黏膠／平頭鉗子／圓
頭鉗子／斜口鉗

實際尺寸刺繡圖案
※繡線全部都使用1股線
※法國結粒繡繞2次

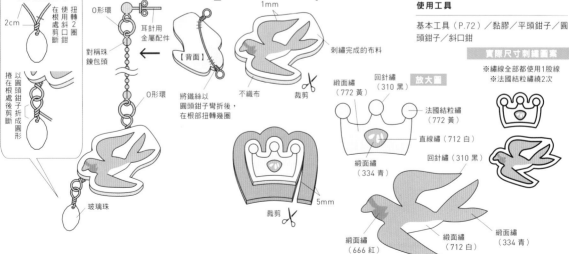

法國結粒繡
（772 黃）

直線繡（712 白）

回針繡（310 黑）

回針繡
（310 黑）

緞面繡
（772 黃）

緞面繡
（334 青）

緞面繡
（712 白）

緞面繡
（334 青）

緞面繡
（666 紅）

放大圖

玻璃珠裝設方式

在使用扭
根 斜轉
處 剪2
使 鉗次
用 口

O形環

耳針用
金屬配件

對稱珠
鍊包頭

O形環

以圓頭鉗子
捲在根處後
剪斷成圓形

玻璃珠

2cm

2

【背面】

將鐵絲以
圓頭鉗子彎折後，
在根部扭轉幾圈

1

1mm

刺繡完成的布料

不織布

裁剪

裁剪

5mm

176

作品頁面 ——→ P.61

灰姑娘耳針

【製作方式】

1 與P.178的「寶石耳針」步驟 **1**～**2** 相同，刺繡之後黏貼在不織布上，周圍加上1mm之後裁剪布料。

2 將O形環縫在不織布上，將合成皮裁剪成與步驟 **1** 的作品相同尺寸，黏貼在不織布背後。

3 以O形環將三角配件及耳針用金屬配件連接在一起。

【材　料】

DMC 25號繡線
310（黑）、524（淺綠）、712（白）、
800（水色）——————————各適量
棉布（白）—————————————15×15cm
不織布（白）、合成皮（金）————各3×3cm
O形環（4mm・金）——————————4個
三角配件（7×9mm・金）——————2個
耳針用金屬配件（附連接環圓球形・金）——1組
手縫線（60號・白）————————適量

SIZE 圖樣 長1×寬1.2cm

SIZE 圖樣 長1.3×寬1.4cm

使用工具

基本工具（P.72）／黏膠／平頭鉗子

實際尺寸刺繡圖案
※繡線全部都使用1股線

放大圖

回針繡
（310 黑）

長短針繡
（800 水色）

長短針繡
（524 淺綠）

長短針繡
（712 白）

長短針繡
（712 白）

3

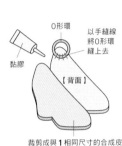

耳針用金屬配件
O形環
三角配件
O形環

2

O形環
以手縫線將O形環縫上去
黏膠
【背面】
裁剪成與 **1** 相同尺寸的合成皮

1

刺繡完成的布料
1mm
不織布
裁剪

作品頁面 ——→ P.61

蝴蝶耳針

【製作方式】製作方式以 **51** 為例解說

1 與P.178的「寶石耳針」步驟 **1**～**2** 相同，刺繡之後黏貼在不織布上，周圍加上1mm之後裁剪布料。

2 將O形環縫在不織布上，將合成皮裁剪成與步驟 **1** 的作品相同尺寸，黏貼在不織布背後。

3 將9字針尖端彎折（➡參考P.87 T字針、9字針的裝設方式），以O形環連接耳針用金屬配件與9字針。

【材　料】

50
DMC 25號繡線
212（水色）、310（黑）、334（青）—各適量
51
DMC 25號繡線
310（黑）、444（山吹）、746（黃）—各適量
共通
棉布（白）—————————————15×15cm
不織布（白）、合成皮（金）————各3×3cm
O形環（4mm・金）——————————4個
9字針（2.5cm・金）————————2個
耳針用金屬配件（附連接環圓球形・金）——1組
手縫線（60號・白）————————適量

SIZE 長1.4×寬1.6cm

使用工具

基本工具（P.72）／黏膠／平頭鉗子／圓頭鉗子

實際尺寸刺繡圖案
※繡線全部都使用1股線

放大圖

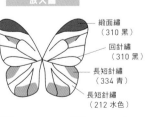

緞面繡
（310 黑）

回針繡
（310 黑）

長短針繡
（334 青）

長短針繡
（212 水色）

緞面繡（310 黑）

回針繡（310 黑）

長短針繡
（444 山吹）

長短針繡
（746 黃）

3

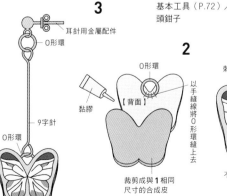

耳針用金屬配件
O形環
9字針
O形環

2

O形環
黏膠
【背面】
以手縫線將O形環縫上去
裁剪成與 **1** 相同尺寸的合成皮

1

刺繡完成的布料
1mm
不織布
裁剪

寶石耳針

47
48

【製作方式】

1 將圖案描繪在不織布上，以回針繡繡好輪廓線。在輪廓線當中刺繡，周圍加上5mm之後裁剪布料。
2 將不織布（白）裁剪成與步驟1的作品相同尺寸，以黏膠黏貼在作品後，待其完全乾燥，然後將圖案周圍加上1mm後裁剪布料。
3 將不織布（棕）裁剪成比步驟2的作品大5mm，於中心以錐子打洞後將耳針用金屬配件黏貼上去，之後貼到步驟2的作品背後。
4 將步驟3的不織布沿著作品修剪邊緣。

【材料】

47
DMC 25號繡線
　209（紫）、310（黑）、740（黃綠）、
　996（黃）──────────────── 各適量
48
DMC 25號繡線
　15（黃綠）、310（黑）、352（橘）、
　819（粉紅）──────────────── 各適量
共通
棉布（白）────────────────── 15×15cm
不織布（白）、不織布（棕）────── 各3×3cm
耳針用金屬配件（耳釘式・金）──────── 1組

SIZE 長1.1×寬1.2cm

使用工具

基本工具（P.72）／黏膠

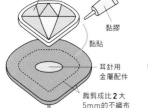

3

刺繡完成的布料
黏膠
黏貼
耳針用金屬配件
裁剪成比2大5mm的不織布

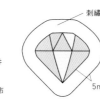

1

刺繡完成的布料
5mm

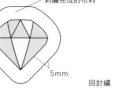

4

依照2的尺寸修剪

2

1mm
黏膠
不織布
裁剪
裁剪成與1相同尺寸的不織布黏貼到背後，加上1mm之後裁剪

放大圖

緞面繡和長短針繡都逐漸混入另一色來刺繡，做成漸層的樣子

實際尺寸刺繡圖案

※繡線全部都使用1股線
※另一只做成左右對稱的樣子

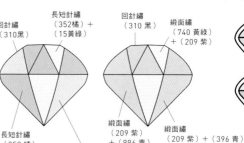

回針繡（310黑）
長短針繡（352橘）+（15黃綠）
回針繡（310黑）
緞面繡（740黃綠）+（209紫）
長短針繡（352橘）+（15黃綠）
緞面繡（209紫）+（996青）
長短針繡（819粉紅）
緞面繡（209紫）+（396青）

北風與太陽耳夾

49

SIZE 圖樣 長2.1×寬2.1cm

SIZE 圖樣 長1.6×寬1.8cm

【製作方式】

1 與本頁上方「寶石耳針」的步驟1～2相同，刺繡後黏貼在不織布（白）上，周圍加上1mm之後裁剪布料。
2 將不織布（棕）裁剪成與步驟1的作品相同尺寸，夾好耳夾用金屬配件並黏貼固定。
3 裝上T字針後將前端彎折（➡參考P.87 T字針、9字針的裝設方式），以O形環連接珍珠仿珠。

【材料】

DMC 25號繡線
　310（黑）──────────────────── 適量
COSMO 25號繡線
　8052（藍色系）、9008（橘色系）─── 各適量
珍珠仿珠（5mm・白、粉紅、黃）────── 各1個
珍珠仿珠（7mm・金）────────────── 1個
棉布（白）────────────────── 15×15cm
不織布（白）、不織布（棕）────── 各3×3cm
O形環（4mm・金）────────────────── 2個
T字針（2.5mm・金）───────────────── 4個
鍊條（金）─────────────────────── 7cm
耳夾用金屬配件（彈簧夾・金）──────── 1組

使用工具

基本工具（P.72）／黏膠／平頭鉗子／圓頭鉗子／斜口鉗

實際尺寸刺繡圖案

※繡線全部都使用1股線

2~3

耳夾用金屬配件
O形環
鍊條（3cm）
珍珠仿珠（7mm）
珍珠仿珠（5mm・粉紅色）
將T字針前端彎折
珍珠仿珠
鍊條（4cm）

※北風使用鍊條（4cm）接上珍珠仿珠（5mm・白）；鍊條（3cm）接上珍珠仿珠（5mm・黃）

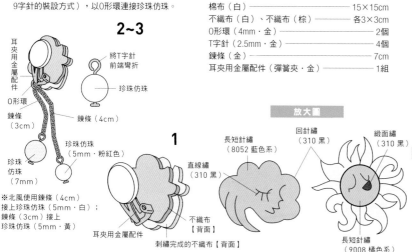

1

直線繡（310黑）
不織布【背面】
耳夾用金屬配件
刺繡完成的不織布【背面】

放大圖

長短針繡（8052藍色系）
回針繡（310黑）
緞面繡（310黑）
長短針繡（9008橘色系）

實際尺寸刺繡圖案　※繡線除非特別指定，否則都使用2股線

捲線繡的刺繡方式　繞10次

2入　3入

4入　1入

1出

拉線之後入針到
與2相同位置

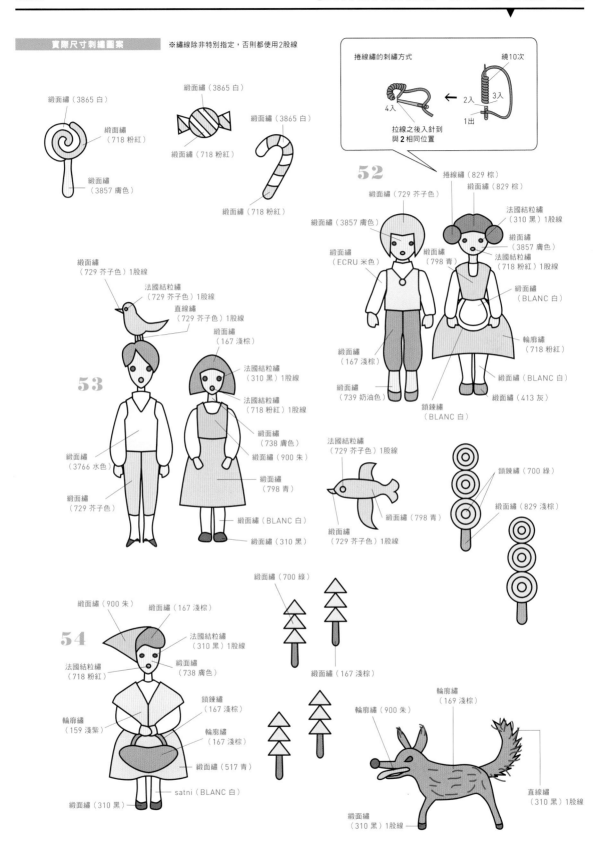

緞面繡（3865 白）

緞面繡
（718 粉紅）

緞面繡
（3857 膚色）

緞面繡（3865 白）

緞面繡（718 粉紅）

緞面繡（3865 白）

緞面繡（718 粉紅）

52

捲線繡（829 棕）

緞面繡（829 棕）

緞面繡（729 芥子色）

緞面繡（3857 膚色）

緞面繡
（ECRU 米色）

緞面繡
（798 青）

法國結粒繡
（310 黑）1股線

緞面繡
（3857 膚色）

法國結粒繡
（718 粉紅）1股線

緞面繡
（BLANC 白）

輪廓繡
（718 粉紅）

緞面繡
（167 淺棕）

緞面繡
（739 奶油色）

鎖鍊繡
（BLANC 白）

緞面繡（BLANC 白）

緞面繡（413 灰）

緞面繡
（729 芥子色）1股線

法國結粒繡
（729 芥子色）1股線

直線繡
（729 芥子色）1股線

緞面繡
（167 淺棕）

53

法國結粒繡
（310 黑）1股線

法國結粒繡
（718 粉紅）1股線

緞面繡
（738 膚色）

緞面繡（900 朱）

緞面繡
（3766 水色）

緞面繡
（729 芥子色）

緞面繡
（798 青）

緞面繡（BLANC 白）

緞面繡（310 黑）

法國結粒繡
（729 芥子色）1股線

緞面繡
（729 芥子色）1股線

緞面繡（798 青）

鎖鍊繡（700 綠）

緞面繡（829 淺棕）

緞面繡（700 綠）

緞面繡（900 朱）

緞面繡（167 淺棕）

法國結粒繡
（310 黑）1股線

緞面繡
（738 膚色）

54

法國結粒繡
（718 粉紅）1股線

鎖鍊繡
（167 淺棕）

輪廓繡
（159 淺紫）

輪廓繡
（167 淺棕）

緞面繡（517 青）

satni（BLANC 白）

緞面繡（310 黑）

緞面繡（167 淺棕）

輪廓繡
（900 朱）

輪廓繡
（169 淺棕）

直線繡
（310 黑）1股線

緞面繡
（310 黑）1股線

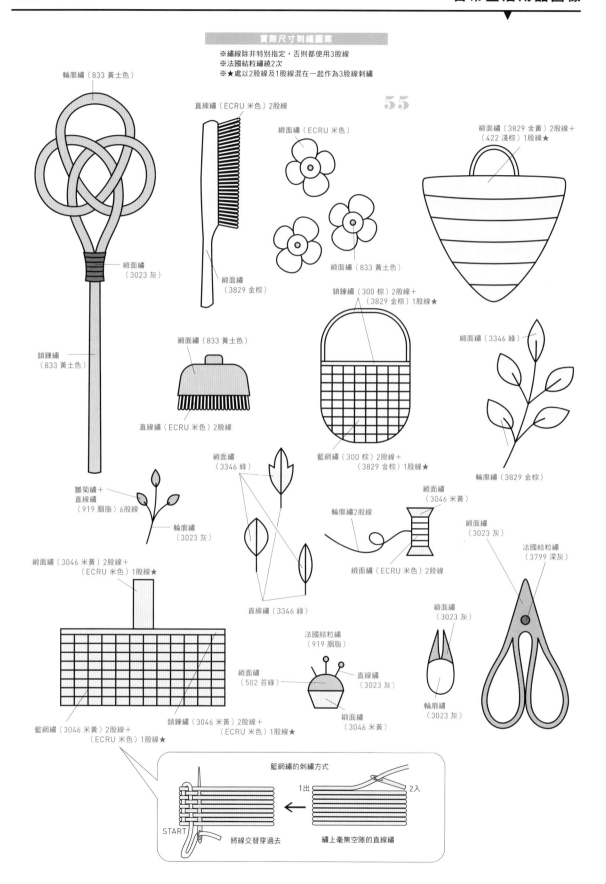

實際尺寸刺繡圖案

※繡線除非特別指定，否則都使用3股線
※法國結粒繡繞2次
※★處以2股線及1股線混在一起作為3股線刺繡

55

輪廓繡（833 黃土色）

直線繡（ECRU 米色）2股線

緞面繡（ECRU 米色）

緞面繡（3829 金黃）2股線 ＋
（422 淺棕）1股線★

緞面繡
（3023 灰）

緞面繡（833 黃土色）

鎖鍊繡
（833 黃土色）

緞面繡
（3829 金棕）

緞面繡（833 黃土色）

鎖鍊繡（300 棕）2股線 ＋
（3829 金棕）1股線★

緞面繡（3346 綠）

直線繡（ECRU 米色）2股線

籃網繡（300 棕）2股線 ＋
（3829 金棕）1股線★

輪廓繡（3829 金棕）

緞面繡
（3346 綠）

輪廓繡2股線

緞面繡
（3046 米黃）

緞面繡
（3023 灰）

法國結粒繡
（3799 深灰）

雛菊繡＋
直線繡
（919 胭脂）6股線

輪廓繡
（3023 灰）

緞面繡（ECRU 米色）2股線

緞面繡
（3023 灰）

緞面繡（3046 米黃）2股線 ＋
（ECRU 米色）1股線★

直線繡（3346 綠）

法國結粒繡
（919 胭脂）

輪廓繡
（3023 灰）

緞面繡
（502 苔綠）

直線繡
（3023 灰）

籃網繡（3046 米黃）2股線 ＋
（ECRU 米色）1股線★

鎖鍊繡（3046 米黃）2股線 ＋
（ECRU 米色）1股線★

緞面繡
（3046 米黃）

籃網繡的刺繡方式

1出　　　　　　　　　　2入

START

將線交替穿過去　　　　繡上毫無空隙的直線繡

實際尺寸刺繡圖案

※繡線除非特別指定，否則都使用2股線

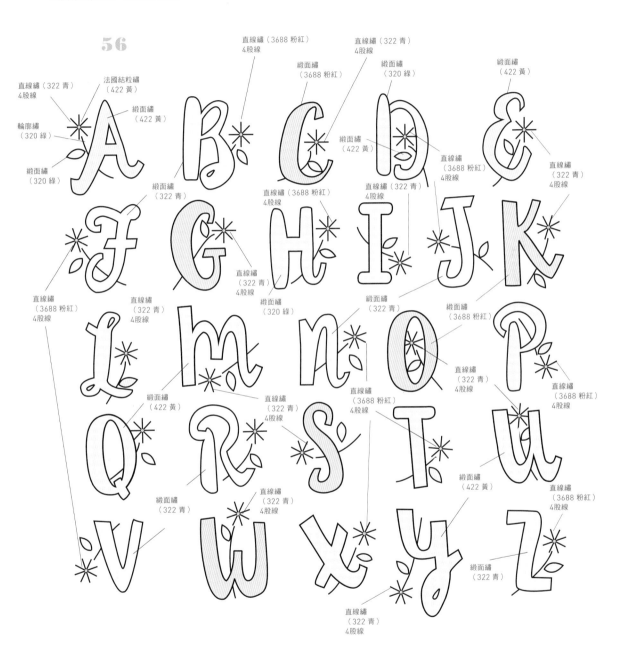

56

直線繡（3688 粉紅）
4股線

緞面繡
（3688 粉紅）

直線繡（322 青）
4股線

緞面繡
（320 綠）

緞面繡
（422 黃）

法國結粒繡
（422 黃）

直線繡（322 青）
4股線

緞面繡
（422 黃）

輪廓繡
（320 綠）

緞面繡
（320 綠）

緞面繡
（422 黃）

直線繡
（3688 粉紅）
4股線

直線繡
（322 青）
4股線

緞面繡
（322 青）

直線繡（3688 粉紅）
4股線

直線繡（322 青）
4股線

緞面繡
（322 青）

直線繡
（322 青）
4股線

緞面繡
（320 綠）

直線繡
（3688 粉紅）
4股線

直線繡
（322 青）
4股線

緞面繡
（3688 粉紅）

直線繡
（322 青）
4股線

直線繡
（3688 粉紅）
4股線

緞面繡
（422 黃）

直線繡
（322 青）
4股線

直線繡
（3688 粉紅）
4股線

直線繡
（322 青）
4股線

緞面繡
（322 青）

緞面繡
（422 黃）

直線繡
（3688 粉紅）
4股線

緞面繡
（322 青）

直線繡
（322 青）
4股線

實際尺寸刺繡圖案

※繡線全部都使用2股線

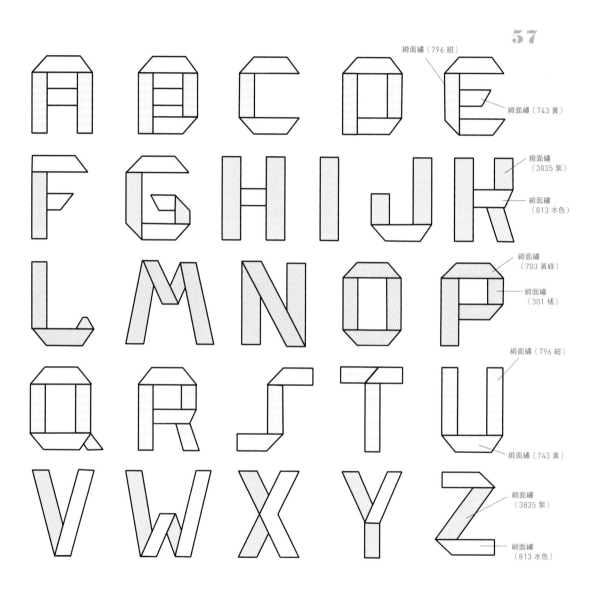

57

緞面繡（796 紺）

緞面繡（743 黃）

緞面繡（3835 紫）

緞面繡（813 水色）

緞面繡（703 黃綠）

緞面繡（301 橘）

緞面繡（796 紺）

緞面繡（743 黃）

緞面繡（3835 紫）

緞面繡（813 水色）

小小手工藝品屋

備有法國製亮片、及捷克製的穿線珠等，在日本很難買到的豐富品項，有許多難得一見的商品。也會在網站上更新刺繡相關影片、或者舉辦工房。

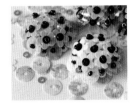

http://petitemercerie.com

DMC

自18世紀創業以來，具備270多年歷史的法國老牌紡織品廠商。商品有受到全世界喜愛的繡線、以及許多與手工藝相關的商品。

東京都千代田区神田紺屋町13　山東ビル7F
03-5296-7831
http:// www.dmc.com

越前屋

與生活緊密結合的刺繡布料、絲線以及緞帶等等手工藝用工具品項豐富，客層廣泛、遍布學校教材及服裝業界等。除此之外，此店也經常舉辦研習會等講座。

東京都中央区京橋1-1-6
03-3281-4911
http://www.echizen-ya.co.jp

DOI手工藝品

深究專門、除了日本國內產品以外，店內也大量陳列了海外的繡線及布料等，刺繡材料的種類非常豐富。也有許多歐洲或美國品牌的蕾絲線等。

兵庫県神戸市中央区礒辺通4-2-13
078-222-3000
http://www.doishugei.com

Craft Heart Tokai

手工藝用品專門店家「藤久」所經營的全國連鎖手工藝用品店。手作相關最新資訊及流行材料一應俱全。也會舉辦手作體驗或相關活動的工房。

https://www.crafttown.jp

BEADS FACTORY東京店

在全國總共有三間店面的珠子專賣店。除了該公司自行生產的珠子以外，也販賣世界各地的珠子及相關配件。也可以在這裡取得個性豐富的裝飾品。

東京都台東区浅草橋4-10-8
03-5833-5256
https://www.beadsfactory.co.jp

COSJWE

除了刺繡用亮片以外，顏色稀有的捷克珠、鎖子甲專用O形環、原創編織繩等等專家也經常使用的高品質品項一應俱全。

https://www.cosjwe.net

學習刺繡

目前引發討論的高級訂製品刺繡，是一種能夠擴大刺繡幅度的技巧。
現在針對初學者的講座也越來越多，只需要使用容易操控的縫衣針便能享受刺繡樂趣，不妨一起確認一下吧！

以縫衣針進行裝飾

高級訂製品刺繡珠寶認證講座

認證一般財團法人生涯學習開發財團

Course concept

支撐香奈兒、克里斯汀·迪奧、聖羅蘭等
時尚界品牌的就是高級訂製服刺繡，
這是巴黎傳承至今的傳統刺繡，在講座上能夠學習到這樣的技巧。
高級訂製服刺繡當中包含了非常華麗的珠花刺繡、絲線刺繡、緞帶刺繡、金線刺繡等等，
將這些深具歷史的技巧，設計成為系統化的課程。
作品全都可以穿在身上欣賞，製作成洗練的珠寶。
不使用需要熟練手法才能夠由布料背後刺繡的專用針，
只學習由正面刺繡、容易使用的縫衣針進行的「mainteuse 技巧」來刺繡，
因此即使是初學者也能夠安心地學習工匠的高級訂製服刺繡技巧。
除了學習技巧以外，也能夠在取得認證資格以後，自己成為講師、開辦教室。
要不要試著接觸承襲至今的巴黎刺繡藝術呢？

Curriculum

從工具及材料的取用方式起，透過製作Lesson.1～6的課題作品
來學習珠子、亮片、絲線、緞帶、金線刺繡等基本技巧。

Lesson.4

「魚骨繡與
直線繡的葉片別針」

- 繩類繡縫
- 附底座水晶石繡縫
- 珍珠的珠子繡縫
- 圓平亮片連續刺繡
- 管珠的魚骨繡
- 管珠連續刺繡
- 緞帶的直線繡
- 珠子的vermicelle

創作一輩子
都能使用的Bijoux

Lesson.1

「vermicelle 及 mousse 的
花朵別針」

- 附底座水晶石繡縫
- 珍珠的圓形刺繡
- 切面珠的連續刺繡
- 管珠的vermicelle
- 水晶珠與圓平亮片的mousse

Lesson.5

「雙面刺繡加入鐵絲的
立體花朵胸花」

- 鐵絲的釘線繡
- 圓平亮片與龜甲亮片雙面刺繡
- 胸花組合
- 管珠連續刺繡
- 珍珠與水滴形水晶繡縫
- 紗質布的收合與縫製

可接觸到高雅
手工活

Lesson.2

「絲質雪紡與
珠鍊的胸花」

- 附底座水晶石繡縫
- 收合與縫製絲質雪紡
- 珍珠單顆刺繡
- 珠鍊繡縫

Lesson.6

「Pointe de Caille 與緞面繡的
花朵項鍊」

- 附底座水晶石與珍珠繡縫
- 珠子連續刺繡
- soleil的Pointe de Caille
- 切面珠的vermicelle
- 加棉芯的緞面繡
- 緞帶的緞面繡
- 龜甲亮片的珠子固定

享受一針一針
的奢侈樂趣

Lesson.3

「圓平亮片連續刺繡與
法國結粒繡的蝴蝶結別針」

- 附底座水晶石繡縫
- 金屬線
  （pearl pearl）的
  釘線繡
- 圓平亮片連續刺繡
- 繡縫用水晶珠
  兩面刺繡
- 管珠連續刺繡
- 金屬繡線的
  法國結粒繡
- 金屬繡線的輪廓繡
- 金屬線
  （bright check）的
  vermicelle

將洗練之物
穿戴在身上的幸福

All Design & Curriculum Mizuki Sekine

課程設計
兼課題作品設計

關根 瑞希
Mizuki Sekine

曾任職服裝品牌設計師，2004年前往法國，在刺繡工房自基礎學習高級訂製品刺繡，並取得法國國家資格C.A.P broderie。於巴黎名門刺繡工房約兩年，以刺繡工匠身分在CHANEL、Christian Dior等多數品牌高級訂製品第一線上與各品牌合作。2008年回國後以其獨特的感性與世界觀，舉辦「高級訂製品珠花刺繡珠寶教室＜étoilée＞」，可學習於珠寶方面強化過的高級訂製品刺繡技巧，由於教師為業界之首而使教室也大受歡迎。

學習巴黎高級訂製品刺繡藝術風格

4 | 魅力十足的材料

教材使用巴黎高級訂製服也使用的法國製亮片、以及海外也評價很高的MIYUKI珠子。除此之外還有施華洛世奇水晶及高級緞帶、蕾絲、金屬線材料等，魅力十足。

5 | 終生可使用的技術

在課程當中學習到的技術，是為了將來能夠自己製作作品，也能直接享受使用各種布料及材料進行刺繡的樂趣。另外除了珠寶以外，也能利用在包包、小東西、拼布作品等的刺繡裝飾上，泛用性非常高、是可以終生使用的技術。

1 | 極致洗練的Bijoux

課程作品全部都是能夠穿戴在身上欣賞的珠寶品項。在小小的世界觀當中以短時間、有效率的學習卓越的高級訂製品刺繡技術。

2 | 刺繡設計

刺繡的設計不受流行左右，無論在哪個時代都能閃閃發光的各年代女性，不過於自我主張、能融入生活，一輩子都可以珍愛使用的設計，都是由關根瑞希老師誠心提出。

刊登關根瑞希老師參與製作服飾的模特兒雜誌。（左下雜誌的右下洋裝、右下雜誌的右洋裝）

3 | 繡框與歐根紗

將絲質歐根紗固定在繡框上進行刺繡。絲網本身網目極細、布料又很穩固，非常容易刺繡，因此困難的技巧做起來也比較輕鬆。最適合用來製作纖細的設計。

樂習フォーラム　株式社　〒150-0013 東京都渋谷区恵比寿1-20-22 三富ビル本館5階　☎0120-560-187　【營業時間】平日10：00～17：00

高級訂製品珠花刺繡認證講座

課程金額範例 **62,710日圓～** 標示皆內含消費稅8%

◆【10堂課】 ※主要針對初學、需要非常仔細指導者
（1次2.5小時標準課程）
● 舉辦次數：約10次 ※僅為大略評估
● 課程費用：1次2,500日圓左右 ※因教室而異
● 教材費用：32,940日圓（含稅） ※總共6項教材
　教科書3,024日圓、絲質歐根紗約750日圓～、繡線4種996日圓（含稅）
　※其他繡框或繡針等工具費用另行計算（若自備則不需費用）

認證費用 **32,400日圓～** 標示皆內含消費稅8%

可取得由一般財團法人生涯學習開發財團（1984年設立　經文部省許可）發行之技能認定證。認證後加入楽習フォーム，便可獲得各方面的支援。（入會費用3,240日圓）
※3月31日前入會則免繳該年度會費。（譯註：日本年度為4月1日～3月31日）
※不強迫申請認證及入會。

可以學習高級訂製品刺繡的

全 國 教 室

遺請洽詢您較方便的教室。

本講座企劃、營運
楽習フォーラム／株式会社オールアバウトライフワークス
〒150-0013 東京都谷比1-20-22 三富 本館5階
☎ 0120-560-187
FAX:03-6893-0294 E-MAIl:entry@gakusyu-f.jp

楽習フォーラム　All About Lifeworks

楽習フォーラ 檢索 http://www.gakusyu-forum.net/

標示圖說明 🏠 有網頁　　✐ 有部落格　　📘 有臉書　　📷 有IG　　│工作室名稱＋主辦者名│ 請搜尋

地區	城市	工作室	Email	電話	主辦者	圖示
北海道	札幌市	アトリエ∞∞はぁとばたけ∞∞	info@heartbatake.com	090-1303-1045	松田 こずえ	🏠 ✐ 📘 📷
	札幌市中央區・旭川市	hand made seeds	jelly.beans@jcom.home.ne.jp	090-9757-1519	上月 つきの	🏠 ✐ 📘 📷
青森縣 岩手縣	弘前市／八戶市／盛岡市	アトリエApricot	apricot_satomi_3103@yahoo.co.jp	090-7337-1234	梅村 里美	🏠 ✐ 📘 📷
福島縣	福島市	アトリエbijouboxes	tubasatomattyann@yahoo.co.jp	090-7322-1582	山岸 陽子	🏠 ✐ 📘 📷
群馬縣 埼玉縣 東京都	太田市／鴻巣市／豐島區	Rose Heart	rose_heart@skyblue.ocn.ne.jp	090-9962-4025	金井 正子	🏠 ✐ 📘 📷
埼玉縣	埼玉市	浦和ビーズサロン	sekiguchiteruyo@nifty.com	048-874-7121	関口 照代	🏠 ✐ 📘 📷
	熊谷市・比企郡嵐山町・東松山市	Rainbow	fuyuko@rain-bow.net	0493-81-6822	高橋 冬子	🏠 ✐ 📘 📷
埼玉縣 東京都	和光市・埼玉市／練馬區	アトリエジュエビー	jewebea0606@gmai.com	090-5738-8705	門田 ゆき子	🏠 ✐ 📘 📷
千葉縣	鎌谷市・松戶市	アトリエAnge	ange.kumi@gmail.com	090-9680-0122	本間 久美子	🏠 ✐ 📘 📷
	千葉市中央區・美濱區・綠區	Beads.Lily☆K	keikoyuri@mx36.tiki.ne.jp	070-5076-8405	鈴木 恵子	🏠 ✐ 📘 📷
	茂原市・市原市・大網白里市	beads craft ～ ivy ～	n5mmk@yahoo.co.jp	090-8818-4539	中西 真美	🏠 ✐ 📘 📷
千葉縣 東京都	千葉市／港區・目黑區	crystalgreengrass	crystalgreengrass1@yahoo.co.jp		中西 賀代子	🏠 ✐ 📘 📷
千葉縣 長野縣	松戶市／長野市	アート工房Mint*Blue	beadsxxx@aol.com	090-3068-7839	武井 みゆき	🏠 ✐ 📘 📷
東京都	三鷹市	e-make　ビーズ教室	eripi910@gmail.com	090-4259-7419	池田 英里子	🏠 ✐ 📘 📷

地區	教室名	Email	電話	主辦者
東京都 神奈川縣 — 澀谷區	**Atelier54 *koshi**	atelierkoshi@icloud.com	080-5019-4712	主辦者 腰本 優子
新宿區	**Labores Estudio**	h_labores_mikiko@hotmail.com	090-2321-0308	主辦者 菱川 仁紀子
世田谷區	**メゾン・ド・ヌヌルス〜ラトリエ**	belepi@e-nounours.com		主辦者 Miho
淺草橋	**atelier embellir（アトリエ　アンベリール）**	embellir-hatchy@mbp.nifty.com	03-3484-2298	主辦者 荒木 晴美
淺草橋・惠比壽／川崎市	**ビーズアクセサリー教室beadsForest**	info@beadsforest.biz	080-3365-0708	主辦者 大桃 ちとせ
東京都 — 大田區	**Atelier　Le Coeur（アトリエ　ル　クール）**	ymdatom@yahoo.co.jp	080-1223-9972	主辦者 山田 恵里子
大田區上池台	**アクセサリー工房　sugar（シュガー）**	keme@wg8.so-net.ne.jpa	090-4240-3430	主辦者 佐藤 和枝
中央區・練馬區	**asukaビーズ教室**	ayumi.ha1010@gmail.com	090-5795-3175	主辦者 林 あゆみ
日野市	**ビーズアクセサリー風音**	kazane_acce@yahoo.co.jp	080-5102-9691	主辦者 伊藤 祐三子
府中市	**Atelier Fraiche*　アトリエフレッチェ**	info@atelierfraiche.com	090-2311-4503	主辦者 吉原 裕子
豐島區	**Jobnoel ジョブノエル**	jobnoel@a.toshima.ne.jp	090-8514-9871	主辦者 ひなご やえこ
墨田區・足立區	**ビーズアクセサリー Blue-Bell**	bluebellbeads@yahoo.ne.jp	080-5457-9792	主辦者 青木 恵理
東京都 神奈川縣 — 大田區／川崎市	**アトリエ・セレンディピティ**	c.shibagaki06@gmail.com	080-4675-7063	主辦者 柴垣 千栄
澀谷區／川崎市麻生區	**アンドゥビーズ教室**	undeuz_web@yahoo.co.jp	090-9816-4989	主辦者 安藤 潤子
銀座／橫濱市西區・旭區	**infini（アンフィニ）ビーズ教室**	h-tada@ga3.so-net.ne.jp	090-2220-8842	主辦者 多田 晴美
東京都 千葉縣 — 淺草橋／成田市・八千代市	**アトリエテイスト YOKO**	tastestyle@live.jp	090-8018-9779	主辦者 常藤 容子
神奈川縣 — 橫須賀市・橫濱市	**美 eads Stitch**	yoshibeads@yahoo.co.jp	090-5499-8781	主辦者 宇内 美子
橫濱市港北區	**luluhalu beads studio**	info@luluhalu-beads-studio.com	045-717-9271	主辦者 渡辺 あけみ
橫濱市戸塚區	**ビーズフレンズ**	yukip.10.24@i.softbank.jp	090-7427-8699	主辦者 小林 洋子
橫濱市南區・西區・川崎市幸區	**エルミタージュ**	ermitagebeads@gmail.com	090-2433-0806	主辦者 MIYU
川崎市高津區	**Atelier AKI**	atelieraki25@gmail.com	090-7418-7742	主辦者 五井 あきこ

神奈川縣 東京都				
相模原市	Ayuri ーズジュエリー / ono-yuriko@kvf.biglobe.ne.jp		主催者 小野 由利子	
大和市・横濱市中區・藤澤市	Atelier WANOKA / beads@wakako.jp	046-277-2000	主催者 平山 和香子	
大和市・横濱市／台東區	Mee-coビーズ教室 / misarin.yym.665@docomo.ne.jp	090-2225-1274	主催者 松永 美佐子	
相模原市・藤澤市／台東區	アート工房ハルモニー / artstudioharmonie@gmail.com	090-3126-2148	主催者 田中 恵利子	
石川縣 加賀市動橋町・金澤市・松任市	Muzeo ムゼオ / muzeo@biscuit.ocn.ne.jp	090-1631-8324	主催者 南出 佳奈	
福井縣 敦賀市 福井市・小濱市	UCONIC / uconic.2018@gmail.com	090-5147-7017	主催者 岩崎 優子	
岐阜縣 長野縣 大垣市／松本市・鹽尻市	アトリエ華音 / akanon8787@yahoo.co.jp	090-3388-8292	主催者 上田 恭子	
靜岡縣 沼津市・伊豆市・駿東郡清水町	Rubimam*るびまむ* / rubimam.0515@gmail.com	090-5454-7233	主催者 瀬川 賜美	
靜岡市葵區・焼津市・藤枝市	アトリエMatsunaga / white-milk@ca.thn.ne.jp	090-3159-1732	主催者 松永 昭子	
濱松市・袋井市	Art YELLOW Angel [天使の光]浜松佐鳴台教室 / minamikouminnkann@yahoo.co.jp	090-1748-9286	主催者 荒木 やす江	
愛知縣 長久手市・名谷屋市	アトリエ Sora / towab_z@ezweb.ne.jp	080-3687-7790	主催者 林 ようこ	
名古屋市・清須市・蟹江町	Heliotrope (ヘリオトロープ) / heliotrope@leaf.ocn.ne.jp	090-7868-6945	主催者 渡辺 友美	
名古屋市緑区	ビーズボックスLALA / yumi.m.0728@nifty.com	052-891-6524	主催者 松本 由美子	
滋賀縣 大阪府 大津市／心齋橋	Atelier stella / stella136nana@yahoo.co.jp	090-6550-0821	主催者 川手 ひろみ	
大阪府 三島郡・島本町・山崎	キラリ / tikutiku-rieko@ae.auone-net.jp	090-9286-3310	主催者 橋場 利江子	
吹田市垂水町	アトリエKaoru * co / kaoru.co515@gmail.com	080-3805-2268	主催者 田阪 かおる	
大阪市城東區	ろみんず / yhiromijp@yahoo.co.jp	090-8535-2065	主催者 山口 博美	
大阪市都島區	Largo Mode (ラルゴ　モード) / tn9iz7@bma.biglobe.ne.jp	090-9610-0343	主催者 木坂 牧子	
大阪市北區	elm green (エルムグリーン) / info@elmgreen.jp	06-6373-7787	主催者 北ノ原 真弓	
池田市	アトリエCHERRY BLOSSOM / f-yasuda@wombat.zaq.ne.jp	090-1073-6649	主催者 安田 和美	
東大阪市	ピノヴィオレッタ・小阪カルチャー教室 / pinovioletta@ymail.plala.or.jp	090-3354-3092	主催者 江端 弥栄	

地區	市區	教室名稱 / 聯絡方式	電話	主辦者
兵庫縣	加谷川市・明石市	**アトリエ 青い鳥** happy-bluebird-chiru@ezweb.ne.jp	090-1245-8098	主辦者 礒野 美智留
	神戸市中央區・垂水區・長田區	**STUDIOCOLOR** info@studiocolor.jp	090-1420-2733	主辦者 多木 佐瑤子
	姫路市廣畑區・飾磨區	**ぶどうの木** budounoki.mamiko@docomo.ne.jp	090-2011-5788	主辦者 堀田 真美子
兵庫縣 大阪府 奈良縣	中央區／平野・阿倍野・堺／西大寺・橿原	**FSKアクセサリークラフト教室** f.s.k@aa.cyberhome.ne.jp	090-5066-0607	主辦者 中井 恵子
廣島縣	廣島市西區・中區	**アトリエChocoo** pipi-07@nifty.ne.jp	090-3632-0481	主辦者 山田 恵美
山口縣	山口市・萩市	**ジュエリー93** kumiko-s@chive.ocn.ne.jp	090-8063-2125	主辦者 嶋村 久美子
德島縣 兵庫縣	板野郡・德島市／蘆屋市	**atelier roko** hana20130320@yahoo.co.jp	090-3786-5209	主辦者 三木 弘子
愛媛縣	松山市	**つぶ小町** snkt.ttmama-424@docomo.ne.jp	090-1573-3080	主辦者 高橋 姿子
福岡縣	久留米市・朝倉市	**アクセサリー工房TIARA** tiara.0828@icloud.com	090-4580-0802	主辦者 日野 久子
	飯塚市	**ビーズのBrillante** beadsshop_brillante@yahoo.co.jp	0948-25-0977	主辦者 重松 緑
	飯塚市	**アトリエFlower lace** flowerlace0811@i.softbank.jp	080-5289-3750	主辦者 簑原 正子
	福岡市	**ビーズ工房　Boo's B** i-elfin@jcom.home.ne.jp	090-8663-2565	主辦者 石橋 佳子
	福岡市東區	**Atelier Blume** acchans40@yahoo.co.jp	090-2089-2142	主辦者 定村 淳子
	福岡市中央區	**Latowa ～ラトゥワ～** peach-2000.12.9@docomo.ne.jp	090-8770-1206	主辦者 福田 ひとみ
	北九州市小倉	**アトリエYuko** yuko.k@kyj.biglobe.ne.jp	090-2392-4584	主辦者 小山 裕子
福岡縣 佐賀縣	福岡市・久留米市／鳥栖市	**LaCherie** lovethankslacherie@gmail.com	090-5026-5598	主辦者 綾垣 陽子
福岡縣 長崎縣 佐賀縣	福岡市／長崎市／佐賀市	**クールローズ** cool.rose.xx@gmail.com	090-8233-3210	主辦者 平松 好江
熊本縣	熊本市	**アトリエ Nature(ナチュール)** taki_chan_jp@yahoo.co.jp	090-8606-9943	主辦者 道家 太紀
	熊本市・山鹿市	**ーズ工房RiRi** riri_no_beads@yahoo.co.jp	090-9577-7593	主辦者 上田 理恵
大分縣	大分市	**alice(アリス)** info.alice2016@gmail.com	090-4987-8989	主辦者 佐藤 真由美
沖繩縣	那霸市	**クターベルツ結.-yui-** chitomi.t12.1@ezweb.ne.jp	090-3797-2124	主辦者 玉城 千登美

DESIGNER'S PROFILE

以下介紹本書當中刊載的21位首飾設計師檔案。

Cotoha
コトハ

2014年起由刺繡作家小川千惠率領，推出了工房「Cotoha」。製作的作品多為帶著溫暖氣息的絲線刺繡、以及閃爍著光輝的高級訂製品刺繡零件，組合成既有成熟風格又可愛的動物別針。

https://cotoha.official.ec/
〔Instagram〕@cotoha_broderie

Part3：27〜34

uzum
ウズム

刺繡作品主要是以花朵及鳥兒為主的自然主題圖樣。作品提供給許多手工藝品雜誌。也經常舉辦刺繡教室。

〔instagram〕@uzumumumu

Part4：56〜57

ai ann
アイアン

開始刺繡的契機，是由祖母那裡拿到了刺繡工具。專長是製作帶有季節感的圖樣、色調及材料豐富多變化的刺繡首飾。

https://minne.com/@aiann722
〔Instagram〕@ai_ann722

Part1：01〜12

このこ
このこ

在巴黎的Ecole Lesage取得高級訂製品刺繡專家課程設計證照。以動物、植物等為主要圖案製作各式首飾。

https://www.konoco.website/
〔instagram〕@konoco.nuitnui

Part4：16〜28

A.I.bijoux
エー・アイ ビジュー

使用雕金與刺繡的珠寶「A.I.bijoux」品牌設計師。學習雕金之後前往法國學習高級訂製品刺繡，取得法國國家資格（CAP）。專長是纖細又華麗的成熟風格珠寶。

http://aibijouxbroderie.com
〔Instagram〕@a.i.bijoux

Part1：34〜39

あべまり
あべまり

以歐洲傳統刺繡技巧，設計出「快樂製作珍惜使用」的作品。擔任NHK文化中心橫濱、千葉的刺繡講師。著書有『ビーズと刺繡のブローチ』（日本ヴォーグ社）。

http://atelierm.blog.so-net.ne.jp/

Part4：37〜42

シマヅカオリ
シマヅカオリ

以動物及人物等各式圖樣為主的刺繡，其質樸氣息非常受歡迎。著書有『フェルトにちくちく刺繡ブローチ』（ブティック社）。

http://iroito-shimazukaori.com/

Part3：12〜26
Part4：52〜54

kiraku 田島 菜
きらく　たしまえりな

將「希望能將手作飾品『輕鬆地』放進穿搭當中」的概念灌注在品牌名稱『kiraku』當中，推出以刺繡為主的首飾。總是思考著「讓手工做的東西環繞在四周，便能為心靈點上幾盞柔和的燈光」來製作作品。

https://minne.com/@nanie0618

Part2：15〜19

itonohaco
イトノハコ

以「給成熟女性的手工藝品」為主要概念，自2015年起以刺繡作家的身分活動。除了髮飾等容易親近的飾品以外，也會製作室內裝潢物品。

https://minne.com/@mimi2

Part2：20〜32

mine
マイン

以刺繡作家的身分，製作出各式各樣設計的圓形首飾。目標是讓大家只要拿到手上，就會想說"That's mine！"的作品。

https://minne.com/@mine9
〔Instagram〕@mine_embroidery
Part1：40〜56

ツチノコノネコ
ツチノコノネコ

以「宛如繪畫般刺繡」為重心來製作首飾。能夠捕捉住動物可愛的特徵及其纖細之處，正是其作品大受歡迎的理由。

https://ueharagan3.wixsite.com/tsuchinokononeko
〔Instagram〕@uegan713
Part3：01〜11

#2
シャープ ツー

主要製作的是珠子刺繡飾品。一針一針仔細繡縫，留心色調是否容易搭配、可否在各種場合都穿戴在身上。

https://minne.com/@jihi-ma
〔Instagram〕@2_gallery
Part1：21〜29

マカベアリス
マカベアリス

以刺繡作家的身分，提供作品給手工藝品雜誌、舉辦個展、參加企劃展覽、委託店家販賣等。著書有『野のはなとちいさなとり』（ミルトス）抱持著「希望能夠將那些在季節流逝中感受到的小小感動及喜悅，化成有形的樣貌」的想法，持續下針。

https://makabealice.jimdo.com
〔Instagram〕@alice_makabe
Part2：01〜14、42〜43
Part4：55

vanillaco
バニラコ

以「不忘記少女心、做出浪漫圖樣」為主題，製作及販賣手工刺繡的首飾雜貨。非常堅持原創及使用感，提供用心製作的商品。

https://vanillaco.jimdo.com
〔Instagram〕@vanillaco_meico
Part4：04〜15

Sketch_Stitch
スケッチステッチ

「以針線描繪出形體」的想法，一針一線製作出刺繡飾品。特徵是色調柔和、設計容易使人感受到溫暖。

https://minne.com/@unakko
〔Instagram〕@sketch_stitch_
Part1：13〜15

MoE
モエ

自服裝大學畢業後，2013年開始活動。主要製作的是使用十字繡，做出帶有溫度、總覺得令人感到溫馨的雜貨小物。一部分作品於網路商店販賣中。

https://moe-nella-fantasia.jimdo.com
〔Instagram〕@moe.nella.fantasia
Part4：29〜36

handmade M2
ハンドメイドエムツー

製作的物品以珠子刺繡為主。使用天然石或玻璃珠，將重心放在休閒風格中也能成為穿搭重心的首飾。

https://minne.com/@minemura0529
〔Instagram〕@m2_handmade
Part1：30〜33

tam ram
タムラム

專心製作帶有女孩兒氣息的圖樣及溫和色調的刺繡作品。也提供作品給手工藝品雜誌。在工房商店當中會展示及販賣作品；也會舉辦刺繡教室。

https://tamram.exblog.jp/
〔Instagram〕@tamram_ribbon
Part2：33〜36

riri
リリ

主要製作使用布料及絲線的首飾。一邊想著「希望能把藝術穿在身上」，同時從自己喜歡的妖精、蝴蝶、花卉、雲朵獲得靈感，製作成作品。

〔Instagram〕@riri_handmadeshop
Part4：43〜51

Piikan
ピーカン

在旅途中與世界各國的手工藝相遇，特別受到鮮豔的手工刺繡吸引，一邊滯留於當地、獨門學習刺繡。

https://www.piikan.com
https://ameblo.jp/kyouhapiikan/
Part1：16〜20
Part4：01〜03

小さな手芸屋さん
ちいさなしゅげいやさん

販賣高級訂製品刺繡的亮片及珠子的店家。擅長選用色彩繽紛的材料且做工細緻。也有介紹刺繡方式的部落格，是很受歡迎的店家。

http://petitemercerie.com/
〔Instagram〕@petitemercerie
Part2：37〜41

取材協力

P.22 カロチャ刺しゅう
コツカマチカ
http://www.kockamacska.com/
P.23 ヘデボー刺しゅう
北欧てしごと教室（作品制作：平石秀子）
https://www.hokuou-teshigoto.jp
P.23 フェズ刺しゅう
中山奈穂美
http://www.ateliernaima.com/
P.23 スワトウ刺しゅう
ブルーミング中西株式会社
https://www.blooming.co.jp/
東京都中央区日本橋人形町 3-5-1
P.40 津軽こぎん刺し
有限会社弘前こぎん研究所
http://tsugaru-kogin.jp/
P.41 オートクチュール刺しゅう
小さな手芸屋さん
http://petitemercerie.com/
P.184-189
楽習フォーラム／株式会社オールアバウトライフワークス
http://www.gakusyu-forum.net/

撮影協力

studio Coucou

衣装協力

エイチ・プロダクト・デイリーウエア（ハンズ オブ クリエイション）TEL. 03-6427-8867
オムニゴッド代官山（オムニゴッド）TEL. 03-5457-3625
カーキ TEL.06-4390-7008
ケレン TEL.06-4390-7008
ティグル ブロカンテ　TEL.092-761-7666
ポーカーフェイス ヌーヴ・エイ アイウエア事業部　TEL.03-5428-2631
ヴェルトスタイル TEL. 03-5849-4993

プロップ協力

ファルコン TEL. 078-731-5845
アワビーズ TEL. 03-5786-1600
UTUWA TEL. 03-6447-0070

TITLE

美麗刺繡時光　小物＆飾品

STAFF

出版	瑞昇文化事業股份有限公司
編著	朝日新聞出版
譯者	黃詩婷
總編輯	郭湘齡
文字編輯	徐承義　蕭妤秦
美術編輯	許菩真
排版	二次方數位設計
製版	明宏彩色照相製版有限公司
印刷	桂林彩色印刷股份有限公司
法律顧問	立勤國際法律事務所　黃沛聲律師
戶名	瑞昇文化事業股份有限公司
劃撥帳號	19598343
地址	新北市中和區景平路464巷2弄1-4號
電話	(02)2945-3191
傳真	(02)2945-3190
網址	www.rising-books.com.tw
Mail	deepblue@rising-books.com.tw
本版日期	2020年8月
定價	480元

ORIGINAL JAPANESE EDITION STAFF

編集	STUDIO PORTO
編集協力	佐々木純子
取材執筆	爲季法子
撮影	寺岡みゆき、北原千恵美
スタイリスト	神野里美
ヘアメイク	WANI
モデル	ANGIE（ライトマネジメント）
デザイン	村口敬太、中村理恵、舟久保さやか、ジョンジェイン（STUDIO DUNK）
DTP	北川陽子（STUDIO DUNK）、桜井淳
イラスト	原山恵、竹内真希、栗本真佐子、アド・チアキ、佐藤敦子

國家圖書館出版品預行編目資料

美麗刺繡時光：小物＆飾品 / 朝日新聞
出版編著；黃詩婷譯. -- 初版. -- 新北市
: 瑞昇文化, 2020.01
192面 ; 19.1 X 25.7公分
譯自：刺しゅうの小物とアクセサリー
ISBN 978-986-401-393-7(平裝)
1.編織 2.手工藝

426.4　　　　　　　　　108021939